媽咪總裁教你如何賺大錢

Mothers Work

麗貝卡・馬提斯／著

張海燕／譯

宜 高 文 化

序——魚與熊掌可以兼得

高談文化邀請我為「媽咪工房」這本書寫序，對我來說，又是人生經驗裡，另一個新鮮的第一次。

擁有十八年創業歷史，在美國以「咪咪孕婦裝」、「母愛」、「豌豆莢」等品牌建構三千六百家分店銷售網路，麗貝卡・馬提斯女士的成功故事，激起了我「心有戚戚焉」的感動。同樣跨入服飾業，同樣身為人妻、人母，同樣每天恨不得有四十八小時，可以在工作和家庭兩個最愛之間從容揮灑，這麼相似的心路歷程，與其說是巧合，其實是一種必然，令我毫不猶豫的答應了這次任務，我也許不是振筆疾書的文化人，但的的確確，我是個各非常認真生活的人。

認真，在我的生活哲學裡，只是一種對人、對事的基本態度，但是，從歌手轉進經營服飾品牌的這十餘年來，我深深體會，講求方法，妥善評估，才是事業成功的首要關鍵。馬提斯女士這本著作，脈絡清晰、實務導向地為我們所提供的，便是她創業過程中，足以作為「教戰手冊」的經營訣竅。

當然，經驗是可以分享的，各行各業即便屬性與特質各有差異，但就經營事業的過程，從草創、成長到達成一定規模，其間必須解決的人力、財力、物力問題、可能遭遇的發展瓶頸、隨時面臨的競爭壓力，這些看似複雜瑣碎，一語道不盡的歷程，其實是可以分析歸納的。身為一個自創服飾品牌的經營者，我非常同意馬提斯女士著作中的許多觀點，尤其是在重要的契機或危機出現時，如何讓後來者減少盲目摸索與衝動犯錯的寶貴經驗，的確是許多有心經營事業的人，可以從異中求同，轉換成自己策略思考的重要依據。

然而，話說回來，方法（Know-how）可以教，決策（Know-why）卻是教不來的，馬提斯女士在書中除了以直敘方式記錄了她的創業過程，最難得的，她隨時記得提出個人在遭遇重大轉折時，秉持的幾個突破困境的原則：（一）胸懷壯志（二）集中心力（三）絕不放棄。譬如：她在面臨第一個存貨與資金造成沈重壓力的低潮出現時，因為先生的支持，夫妻倆以前瞻性的投資眼光引進電腦系統，建立效率化的進銷存管理系統，終於扭轉乾坤，這在十幾年前的當時，真是表現勇氣與智慧的絕佳案例。又如：當她發現幫助她開疆拓土的授權經銷商體系，已反客為主的阻斷了她通路上的優勢，她和先生並沒有因此打退堂鼓（既然錢已賺到，正面硬拼可能要付出更高代價），反而全面接受「開設直營店」這項更嚴苛的挑戰，不僅花費更多心力重新整合評估事業體質，最後還挾品牌為後盾，讓股票上市成功，一舉奠定了事業王國的版圖與地位。

非常相似的境況，也先後在我和我的家人身上印證，或者，我應該說，我們正朝著最高的那個標竿點邁進，看過馬提斯女士的陳述，彷彿得到了現身說法的鼓勵，BIANCO 十三年來的步步腳印，證明沒有白走，而今橫跨大陸市場，甚至再創第二品牌進軍國際的雄心壯志，也正逐步具體實現。這其中的酸甜苦辣，真是如人飲水，不過，我和馬提斯女士最能共鳴的，便是我絕不放棄，因為，我在做的，正是我最想做的。

還原到身為一個女性，馬提斯善意的建議：「不要害怕求助」，又是大多數事業經營者（尤其是女性）最值得借鏡的。「做唯有你才能做的事，其他事委託他人」、「找幫手，不能事事自己包辦」、「經營婚姻，不要把家人摒除在外，唯有伴侶的支持，你才能成功」。被公司同仁視為工作狂的我，其實就是因為有上面所說的各項優厚條件，及家人和專業人才無怨無悔的協助，才能放任我自由自在地發揮，甚至充分享受工作與家庭之間完美的平衡。

我不認為我是得天獨厚的特例，這一切都有軌跡可循，也有許多他人寶貴的經驗傳承，所需要的，只是清楚設定自己的目標，專心致志，不輕言放棄。我相信，在浩瀚人生中，只要有心，每一個人都能成功圓夢，建構出自己最美麗、最滿意的版圖。最後，我也願意用我的座右銘與所有追求夢想的人共勉：「努力的人不一定成功，但成功的人一定要很努力。」

范怡文 寫於台北安伸

二〇〇〇年六月十日

目錄 CONTENTS

謹以本書獻給父親、母親，我的丈夫丹

前言　創辦者的話

想開創自己的公司，一定要有正確的思考架構，並且牢記三則簡單的座右銘：願景、專注和堅持。

我的公司名稱叫做「媽咪工房」（Mothers Work）。當年我創業時只有二十八歲，而且懷有身孕。我相信你一定早就聽過許多關於男性在自家車庫內開創大型科技公司的壯舉，但是像我這樣的故事，你九成九是難得聽聞的——當年我創業時身懷六甲，憑著一萬美元存款，就在家裡的一個小房間裡開創「媽咪工房」。

現在，我是一家營業規模達三億美元公開發行公司的總裁，我的公司在全美各地的大型購物中心共有六百家連鎖店，旗下有三千五百名員工，而且我還是三個可人子女的母親，許多企業和大學都邀請我擔任董事。回想當初我懵懂無助，連一張財務報表都看不懂的樣子，不過才恍如昨日。今天我在許多重要場合和會議中都是主講人，而彷彿不久前，我還沮喪地渴望從別人的演講中找到靈感和方向。

我生產的孕婦裝，專門在賣準媽媽用品的「母愛」（Motherhood）公司、「咪咪孕婦裝」（Mimi Maternity）公司和「豌豆莢」（A Pea in the Pod）公司銷售。這些孕婦裝都在我們位於費城的總廠設計和生產，依各種不同的消費群和價格帶，區分為上述幾種品牌，如今媽咪工房已是全美規模最大的孕婦裝公司。我常把下面這句話掛在嘴邊，那就是，把公司做到全球舉足輕重的地位，你就真正成功了。這麼說的原因是，當初開創事業時，週遭有許許多多人都認為我在異想天開。

那時，每當我提及我的夢想，很多人都迫不及待地澆我冷水，他們說：「如果這門生意真那麼有前途，哪還輪得到妳來做？別人早就擠破頭去做了。」但我終究相信自己的直覺，也學會要果斷地勇於嚐試。

既然我能，你也能，你也可以展開成功的事業並壯大它。成功的要件全在於你自己，只要知道如何駕馭自己的想法和集中精力於事業就夠了，正如同許多女性，我也要花很長的時間才學會評估自己的想法。今天開創事業的女性比男性多，小型企業行政（The Small Business Administration）公司在他們一九九八年十一月的網站上說，女性正快速開展新公司，而且她們擁有的公司占全美所有公司家數近四成。再者，女性在美國設立的八百萬家公司，共僱用了一千八百五十萬名員工。換句話說，在美國每五個就業機會中就有一個是由女性創立的公司所提供，而且這些公司對美國經濟貢獻的金額多達二兆三千億美元。

話又說回來，女性創業仍面臨許多古老陳腐的偏見和錯誤觀念的束縛，媒體也不斷誤導女性要這樣那樣做才能把子女教育好。為了一開始就能成功，我們必須摒棄那種凡事都要把別人的需要放在自己需要前面的謬論。唯有如此才能集中所有力氣來造就成功的事業。

有時回首來時路，我會納悶自己後來怎麼會走上創業這條路。起初我立志要成為建築師和土木工程師，而且按這個計畫，在幾家名氣響叮噹的大學取得數個相關學位，不過，自行創業的吸引力畢竟強些，我也甘心受它徵召披掛上陣。高中時父親告訴我，如果我想要有多采多姿的生活，就該開家公司，我猜那個主意自那時起就在我心中滋生幼苗並茁壯。在許多特定日子，我可能會在紐約和一些投資銀行家開會、到丹佛巡視商店，或在我們的費城辦公室評審模特兒身上的服裝設計款式。碰上運氣不佳時，我也可能要對盈餘大減的財務報告做危機處理、花一整個週末的時間研究銷售報告、設法找出為什麼銷售下降的原因，或者應該是慈愛地在台下觀看女兒的獨奏表演時，卻不得不被迫緊急飛奔到銀行或買主處。我常常在凌晨一點半左右於輾轉難眠後起床，煩惱下一個年度的財務預測、苦思下週三晚上出去拜訪商店時要找誰來幫忙帶小孩，或思索新增兩個重要幹部的問題。總之，我的生活不停地有高低潮在交替起伏著。

從十八年前開設公司到現在，一路顛蹼走來，我從各種教訓中學到了哪些方法行得通，哪些不管用。如果一切重來，我一定會有不同的做法，不再重蹈覆轍，把事情做得更好。在這本書中我要和讀者分享商場最前線的經驗。商場如戰場。一旦進入商場你非準備枕戈待旦不可。這本書將告訴你如何開一家公司。我很樂意和你分享我在商場上的實戰經驗，好比怎麼籌措資金、如何撰寫業務計畫書、怎樣才能找到理想員工並留住他們等。我還會不吝教你一些秘訣，協助你如何在成家之初或在有養家重擔時，還能成功開創事業。

想開創自己的公司一定要有正確的思考架構。我學到在事業之途致勝的三條簡單法門，如果你照做，就能邁向成功之路。那就是：（一）胸懷壯志（二）專心一致（三）絕不放棄，這本書要講的就是這些。我相信那些一直力守這三則座右銘的企業創辦人，就是因此而把事業做得有聲有色。說真的，創業時最大的危險就是設定的目標太淺近，我開創媽咪工房時，目標是能有一份成功的郵購型錄，而且隱隱約約覺得這本型錄要很大本。這些年來我體會出，一開始志向的大小就決定未來成就的大小，我們的成就是無法超越當初設定的目標的。換句話說，如果你計畫成立二十五家連鎖店，而且努力工作，或許能達成願望，也或許不行。但你的連鎖店鐵定無法擴張到五十家或一百五十家。我現在的目標是在公元二〇〇五年前，營業收入必須達到十億美元。每星期我都設法在星期六早上挪出一個小時，來想像我的目標遠景正呈現在眼前。為此，我必須想還得新增些什麼樣的經理人；到時我會有幾家店；還有我會跨入哪些新的事業領域；屆時我肯定需要更大的配銷設備。如果你看到這樣的遠景，就會知道該往哪裡發展，接下來就是路要怎麼走的問題了。

下一步是專心一致。想像一下陽光流瀉入你的窗戶，溫暖了整個房間；現在再想像同等量的陽光照射在一片透鏡上，形成一個小小強熱光束的聚焦，把你的餐桌燒出一個洞，專心一致就是這個原理。每個人的時間、精力和資源都有限，所以當心中打定主意要做到多少數量的事時，也同時決定了哪些事要佔用你多少時間、精力和資源。像我現在擁有這樣的事業版圖，其實要付出很高的代價，因為我在某些事情上所能花費的力氣勢必會減少。有些人寧願過著安穩閒適的生活，只希望享有一個溫暖的房間就於願已足。他們等於是把週遭的陽光分散到生活中的許多事務上，那麼他們就不適合開公司，因為只有愈專注於事業才愈能獲得更大的成功。房間的其他部分可能會因為陽光集中成一束而變得寒冷，但最後你卻能在餐桌上燒出一個洞。總之，這要看你想過什麼樣的生活。

在公司成立十七年後的今天回顧過去，我覺得自己如願取得了想要的生活。我已是位有個人事業的母親，我的朋友不多，沒有嗜好，不會特地為女兒班上舉行的烘焙園遊會烤餅乾（她已經習慣了），我不看風靡一時的電視劇，我從來不參加同學會，而且曾經接連好幾年我不知道渡假的滋味，我不是那種面面俱到的人。這點問我母親就知道了。在我心中只有兩件事值得我念茲在茲，那就是家庭和事業。

「絕不放棄」可能是最容易理解但也最難做到的，人只有放棄目標時才會失敗。我在辦公桌旁的牆上掛了一幅裱框的漫畫，裡頭有個企業家指著一些營收數字，時而大好時而大壞，但長期終究維持成長趨勢的高低曲線圖，對公司同仁說：「一時的挫折根本不值得憂慮。」我敢說你試著要做的第一件事九成九不會成功。不斷嚐試新方法雖然難免失敗，但每退一步最後還是會前進兩步，結果仍是贏面居多。我想透過郵購型錄銷售職業婦女孕婦裝的初步構想，經過無數次修改後幾乎變得面目全非。每種提案實施起來都有困難，有些管用，有些失敗。坦白說，那時曾經有許多次只要任何人願意買我的公司，我都願意出賣，但是堅持到最後的人會看到轉機。你靠邊歇息一下，理個頭緒，找出更好的方法，事情就會有些進展。

胸懷壯志、集中心力，而且絕不放棄。你非堅守這樣的信念不可，不管你正想開公司，或正處初步發展階段，或者已準備好要讓企業更上層樓，我都會在每個步驟為你指引迷津。

第一章 起步

想想自己的經驗和需要，如果你對某種獨特的東西或生活形態有精闢的見解，這可能就是切入市場的良機。

當你二十八歲時，天下似乎無難事。當時我年輕氣盛、聰明伶俐又壯志凌雲。我拿到幾家名聲顯赫大學的數個學位。那年是一九八一年，正好是另一個富裕和貪婪年代的開端。那時我剛結婚，身負「重要任務」，在波士頓幫丈夫丹成立他的電腦公司。但是，我不想為人做嫁，我想要擁有自己的公司。

開立一家公司成為我的人生大事，我也必須投入人生心血。這就好比是第一天出發上大學揮別雙親，又像結婚時站在教堂神父面前，有如要出航去發現新世界，像成吉思汗領軍要去征服亞洲那樣，這個目標真的是既高且遠。我現在可以瞭解為什麼有些人公司一家接著一家地開，他們屢敗屢戰，每次嘗試都是嶄新的開始。所有企業的起步都是大事，都可能是電腦大亨，微軟董事長比爾・蓋茲的創業故事。

看看桑德斯上校（Colonel Sanders）的例子。他在六十五歲時開始成立一家很小的炸雞餐廳，所以創業永遠不嫌遲。我創辦媽咪工房時就是這麼覺得。

還有，每個人都有能力開設公司，你不必得到任何人的允許，也不必寄履歷表或參加什麼招考。在創業前你可能已經有豐富的經驗，或者純粹只是想冒險碰運氣，我則是一開始對孕婦裝或其他種類的服裝都一無所悉，對郵購型錄、流行和從商應有的一般知識也毫無概念。不過，我內心頑強地堅信自己一定可以開設並經營公司，我有別人想都不曾想過的完美產品，而且我慧眼獨具地瞭解這個市場。那時我剛懷孕，找不到可以穿到辦公室的孕婦裝，於是我深信自己發現一個商機龐大的處女市場。雖然不斷聽到一些令人洩氣的話，像「如果這個主意真那麼好，早就有人做了」，我都把它們當耳邊風，信任自己的直覺判斷，像我這種性格絕對適合創業。

我認為企業家的人格大抵都包括了衝動、果決、堅毅和拒絕放棄的特質。舉例來說，丹和我在邂逅後約六十天走入禮堂，至今仍不斷用心經營婚姻。丹那時剛在賓州成立另一家電腦公司，而我才剛自研究所畢業，做的第一份工作是土木工程師，要幫丹的工廠做擴建工作。他說當他看到我踩著沾滿泥漿的靴子，和戴上工程帽時便愛上了我，而他的威嚴和好名聲則深深吸引我。那時我幾乎立即知道，我也要自己創辦一家大公司，擔任總裁並把它發揚光大。幸好丹不認為這個想法幼稚可笑、不可能或有絲毫質疑，他唯一的回答是「既然妳現在就可以開始創業，為什麼還在學校浪費那麼多時間？」

相遇後不久，我帶丹到父親家裡過感恩節，翌年元月就走入婚姻殿堂。六個月後我們從費城搬到波士頓，以便丹能在我的協助下，和商學院的朋友開設他的第五或第六家電腦公司。完成土木工程的案子後，我必須決定下一步要做什麼，因為搬到波士頓，中斷了我原本可以接到的下一個土木工程案。那時似乎是嚐試新東西和做些與創業有關事情的好時機，不過，缺乏真正的從商經驗，我退而求其次做行政事務。突然間，過去我在幾家頂尖大學拿到數個輝煌傲人的建築和土木工程學位，全都變得一文不名，我每天只要負責打電話給一些保險經紀人和承租辦公室傢俱。我的職銜是行政副總裁，「副總裁」這個稱謂顯然是幽了我一默。隨著時間流逝，我的工作愈做愈好，但我好像陷入行政事務當中，沒有機會破繭而出進入真正的權力核心。我竭心盡力做研究和撰寫部分營運計畫書，但到了把這些成果呈給股東時，我卻從未被邀請參與會議。因此我愈來愈相信只有我自己開一家公司，才能如願成為大公司的總裁，接著我懷孕了。

這不算是意外懷孕，因為丹那時三十八歲，渴望有孩子讓他施展父愛，二十八歲的我也自認已有這個心理準備。母親在聽到這個喜訊後大為興奮。她說：「你應該搬回費城。」我回答：「媽，我們在這裡有生意要做，不能說搬就搬。」

「什麼事比嬰兒更重要？」

「什麼意思？」我問。真是荒謬。她根本搞不清楚狀況。

「以後誰來照顧嬰兒？」

「當然是我。妳怎麼會問這種話？」我開始提高音量和她說話。

「妳？」她冷哼一聲說：「妳得工作，會需要我幫妳。」

「我可以找保姆，又不是什麼大不了的事。」

她想了一分鐘後說：「妳還是應該搬回費城。」

當然時間證明她的思慮正確。首先，我的確需要她幫我，再者，日子確實非常難熬，尤其是懷孕初期的前幾個月。不過，眼看著自己的情形一天比一天好，我仍然覺得凡事都是可行的，其實我並不知道自己會陷入什麼樣的狀況。和現在的大部分女性一樣，我一直工作到生產那天，不過，就那時的社會眼光來看，這不但非比尋常，而且有些不道德，因為大家認為這樣可能會傷害到嬰兒，也意味著我對初為人母這件事不很在意。照理我似乎應該安安份份，充滿愛心地待在家裡為嬰兒房貼壁紙。

那段期間我也思考許多有關未來，和我想要過什麼樣生活的事。幫丹的電腦公司做事時，我學到不少關於商業運作的事務，但後來我遇到瓶頸。丹和他的合夥人對電腦相關的經驗都比我豐富許多，而且隨著公司僱用愈來愈多年輕有為的男士，漸漸地我在公司插不上手，覺得自己日漸受到忽視。另一方面，有機會參與一家企業的開創，讓我的眼界大開，體會到使一家新公司從無到有，並灌溉它讓它茁壯是件很有成就感的事。我開始質疑過去所有傲人學歷的價值，過去在學校的苦讀是否都是虛擲光陰？如同我對土木和建築的熱愛一樣，成立一家公司的熱情開始在我體內紮根，也許我可以結合這兩種興趣，開一家和土木相關的公司。

接著我想到小嬰兒的事，我既要照顧腹中胎兒，哪有空再做其他事？日子過得昏天暗地，我每天繼續上班，腦海中卻不斷打轉著未來要怎麼過。經過這些混亂後，心中的計畫終於成型了。原來懷孕使我決定改變我的生涯規畫，因為生活中每件事都在改變，我覺得應該可以待在家裡一面照顧小寶寶，一面開我的公司，小寶寶來到人世間報到時，我正要辭掉工作，後來我決定該是試著親自開家公司的時候了。我想親自花時間照顧小寶寶，趁他或她睡覺時工作，或者也可以請人每天來個幾小時照顧小寶寶，這樣我就能專心工作。如此一來，我不但可以成為盡職的母親，滿足生涯壯志，而且說不定還可以同時為丹的公司準備幾場晚宴呢。

當時的想法簡直是異想天開，天真愚蠢得可以，而事情的發展和我想像的是南轅北轍，複雜且困難許多。話雖如此，希望兼顧公司和照顧小寶寶的想法，是我邁向事業之路所跨出的第一步。在我開始成立新公司後，有許多年的時間我陷在一團理不清的混亂漩渦裡面，頑強的個性讓我無法因此而放棄，加上投入的精神太深，我更不願就此抽身撤退，我只有奮力讓公司發揚光大一途，也就是這股動力，驅使新的事業開花結果，一路奮進！

懷孕時丹和我下班後會坐在小餐桌旁，為我的新公司做腦力激盪。熱衷從商的丹很高興自己能同時參與兩家新公司的運作，包括我的和他的，他完全支持我辭職自行開新公司。

「妳幹嘛不考慮開家新的綠郵票（Green Stamps）公司？就是那種以前雜貨店裡會使用的東西。那些店家依照消費金額的多寡，發給綠色郵票，消費者收集這些綠郵票，用舌頭在綠郵票後面舔一舔，再把綠郵票一一貼在小本子裡，集滿一定數量就可以換取免費贈品。」他覺得這個主意很棒，在小廚房裡來回踱步著說，「這個行業很能自給自足。」

「可是我根本不瞭解這種行業。」我說。

他停下來，耐著性子但有些不悅地俯視著我說：「這有什麼關係。妳以為洛克斐勒成立標準石油公司時，就很懂石油嗎？」我答不出一個字來。「你以為辛普樂中請法國煎餅快煎方法的專利時，對法國煎餅知道多少？從麥當勞、漢堡王到長約翰西威速食店，所有消費者吃的法國煎餅都是他提供的，他還不是就憑這個霸佔了整個美國市場！」

他無法理解我怎麼毫無想像力，那種有專利的法國煎餅，正是他最喜愛的零食之一。他搖搖頭說：「好吧！那開一家郵購公司怎麼樣呢？妳馬上就可以在家裡做這個生意。」我對這個構想倒是很有興趣。「而且妳一開始就可以有一個全國性的公司，公司發展到多大都不受限制，莉莉安．費儂和候卓他們也都是從無到有累積起來的。」

二次世界大戰後父親曾開過一家郵購公司。他買了一大把汽球做盤商，在當地報紙上刊登汽球廣告，上面寫著「汽球」兩個大字，旁邊還寫著「兒童的最愛」。這家郵購公司一直成不了氣候，但他卻念念不忘，常提到它。任何人都可以開郵購公司。我也可以。我可以寄型錄出去，趁寶寶睡覺時整理訂單。

「好呀！」我說。「要賣些什麼呢？」接下來幾週我們都忙著想這個問題。賣新的廚房產品或兒童棋組？也許做類似當月美食俱樂部的郵購比較好。女性工具目錄應該也不錯。

我的肚子愈來愈大，原先做行政副總裁時拿來當「制服」穿的海軍藍套裝已經穿不下，那時候的女性都想盡辦法靠著穿著看起來像男性，來為自己爭取一片天空。一本正經型的女性穿著男性剪裁樣式的套裝，漿得硬挺的白色襯衫上戴著小小的紅色薄綢蝴蝶領結。我當然是屬於一本正經型的，於是早上出門前穿衣服成為我最大的困擾，因為那件海軍藍裙子的拉鍊拉不上來，而我也無暇逛街買衣服，因為白天要上班，晚上要計畫籌辦公司的大事。

我從工商分類電話簿中找出「孕婦裝」的分類廣告，有趣的是，冥冥中這竟是我為創業所展開的第一個正式行動。後來我把工商分類電話簿的電話名錄，當成搜尋各種行業廠商名單的重要參考手冊。因為第一年我所做的每件事對我來說都很陌生，而且根本不知道可以問誰或去哪裡找線索，因此我逐漸建立起類似電話簿脈絡系統的資料庫。如果我需要找誰來印目錄，我就找「印刷廠」這個分類廣告，並打電話詢問，電話那頭的人會說：「小姐，我們是專門印汽車工業用標籤的工廠。」我說：「那麼你知道我該去哪裡找印目錄的印刷廠嗎？」

他會介紹印刷商同業公會給我，我可以去向後者問到各種印刷廠的名單，以及電話號碼。他們給我一家專門印製型錄廠商的電話號碼，打去之後才發現這家印刷廠規模十分龐大，他們使用高倍速印刷機器，每次的印量都很大，所以每次的訂單份數一定要超過五億份。這家廠商告訴我，以我的需求應該去找規模比較小的印刷廠，例如可以找紐頓的布洛公司。後來我打電話給布洛，發現他才是我要找的印刷廠商，像這樣，每次都要花上好幾個小時在電話簿上打轉。

我查工商分類電話簿上的「孕婦裝」分類廣告，找到一堆廠商後，很想第二天午餐時間就馬上開車去找其中的一家廠商。這些公司的名稱都很感性，像是「鸛鳥時光」或「寶貝愛」公司等等，不像我以前去買象徵專業權威的上班族套裝的地方，後者的名稱都比較嚴肅，例如「布魯克斯兄弟」公司。在第一家店逛了五分鐘後，我立刻向店員說：「你們的套裝在哪裡？」她指指後面說：「妳會愛上我們的款式，而且一直到星期六都在特賣，二十九．九九美元起價。」

我一面走到後面，一面想著：「二十九．九九美元？一定是走錯店了，這些根本稱不上什麼高品質的套裝。」我巡視後面一番，目光所及盡是一堆聚酯纖維彈性褲和上面寫著「再多送些披薩來！」等逗趣詞語的T恤。天啊！如果我穿這件衣服到辦公室，全公司上下一定笑翻天。

「小姐，不好意思。我好像找不到你們的套裝。」

「在你旁邊。」她指著陳列浴袍的架子說。

「不是。我要的是套裝，有裙子和外套的那種。最好是海軍藍的。」

「套裝?」

我講的應該是英語吧!

「可以穿去上班的那種。」她瞪著我看。她可能這時才注意到我身上穿著象徵工作權威的套裝。

「親愛的,」她說,「我們這裡沒有套裝,不過,有很漂亮的小洋裝,妳穿起來會非常可愛。」

我不喜歡她用「小」來形容我要穿的衣服,也不要看起來「可愛」。

她給我看好幾件我覺得更適合十幾歲小女孩穿的洋裝,第一件有大大的白色船員領,袖口鼓起並打褶;第二件是粉紅色小方格花紋的洋裝。這讓我想起我和兩個妹妹八、九歲時母親為我們裁製的洋裝。在當時,這種衣服還要搭配草帽才好看。孕婦真的都穿這種衣服嗎?難道因為便便大腹是「我已經有性行為!」的明顯表白,為了掩飾自己已非處子之身,所以孕婦非故做可愛少女狀不可嗎?我也要這樣嗎?我感到一陣昏眩,並且開始冒汗,突然間,我對懷孕這件事覺得不是很愉快。

「我想這裡沒有我要找的衣服。」我轉身離開時對她說。「妳知不知道哪家孕婦裝店有賣可以穿去辦公室的衣服?像套裝那種?」我再度像找工商分類電話簿那樣土法鍊鋼地詢問她。她就只是一味地看著我,顯然不知道我在說什麼,我聲音微弱地道謝離開，再去列在名單上的其他幾家孕婦裝店，但每家的情形都一樣。

這時我必須在裙頭拉鍊合口處的左右兩端，各自別上安全別針，因為肚子已經大到扣不上裙頭。當晚我們討論該銷售那些郵購商品時，我的腦海中馬上跳脫出一個鮮明的產品——孕婦裝。丹對這個提議大表認同。「好極了。」他說。我強自按捺住已冒到嘴邊的「我對這個行業完全外行」這句話，決定早晚都得硬著頭皮去做，就這樣我決定要透過郵購型錄賣孕婦裝，而且計劃生產後就即刻著手進行。

我從來沒有真正買過半件孕婦裝。我身材細瘦，可以找尺寸大一、兩號的一般衣服穿。我在多伯慈公司買過一件V字領、釦子從上面排到下擺的灰色背心裙，中間沒有腰帶。穿這件衣服時我搭配白色襯衫和紅色鬆軟薄綢蝴蝶結，上面再罩上一件不扣釦子的海軍藍外套，如果那件海軍藍外套能搭配一件海軍藍背心裙一定很好看，這樣看來就是一套海軍藍套裝了，不過這簡直是奢求。

我那「象徵工作權威的孕婦裝」於焉誕生。懷孕時我穿著它參加所有會議，空暇時我一面計畫我的新事業，一面編織著成為擁有郵購王國的媽咪工房的美夢。

愛瑟克在一九八一年十一月二日凌晨四點誕生，那天我正好幫丹交涉一筆新的銀行業務，我們正同時處於事業的重要轉捩點。所以在愛瑟克呱呱墜地，並在生產室待了整晚後，丹匆匆忙忙跑回家沖個澡和換衣服，又趕回去工作以便繼續交涉業務，我對自己不能同往深覺可惜。我穿著病袍獨自坐著，重新閱讀華爾街日報，似乎期待裡面的專欄能指引我下一步要怎麼做。丹數次從銀行會議中途打電話給我，問我一些數字或銀行帳號。當時我全身痛得四分五裂，不久護士不知從哪裡突然冒了出來，把小寶寶交給我，好像我就應該知道要如何處理它。我覺得自己好像一腳踩在商場，一腳站在通往母職之門的岔路上，我惶恐得要命，感到全然孤獨。

翌日丹來接我和愛瑟克回家，我的父母那天早上搭飛機前來要幫忙幾天。生產時的傷口縫了好幾針，所以坐在車上時必須靠著大靠枕。丹已經準備好嬰兒座椅，不過我們仍花了二十分鐘才搞清楚要怎麼使用安全帶。不久愛瑟克開始使盡全身力氣地尖叫，我們猜他大概餓了，所以我把他抱出嬰兒座椅好餵他吃奶。餵完奶我再度重新調整座椅。到家時我已筋疲力竭，傷口像撕扯般地痛楚著，我們走到門前時，母親已笑容滿面地站在那裡，我可以感覺到自己已經快要失控，淚水突然決堤似的奪眶而出。我不是那種動不動就哭哭啼啼的人，但產後的疲憊、害怕照顧這隻軟綿綿的小動物，和荷爾蒙變化等因素綜合起來，使我一時之間脆弱到了極點。「寶寶在這裡，」我一面說一面把小寶寶交給母親後就上床去。醒來時母親已打點好一切，我聞到烤箱內的食物香味，餐桌擺好了，在匆匆忙忙上醫院生小孩前一片凌亂狼狽的家裡都已收拾打掃過。母親穿上圍裙，邊哼著歌邊到處撣灰塵，丹和父親坐在客廳喝東西，聊飛機、電腦等東西。母親已在地上鋪了一件大毯子，寶寶安詳地睡在正中央，穿窗而入的一束陽光照在他身上。剎那間我覺得自己好像誤闖入別人的家裡。我再也無法控制自己的情緒，脆弱得想哭。這時他們都看著我。

「嗨！」我無力地打個招呼。

母親過來輕輕抱著我說：「嘿！當媽媽了哦！」這是在說我嗎？

「貝卡，妳表現得很好。」父親說。

我根本沒做什麼事，都是我的身體在運作。

「現在可以吃飯了嗎？」丹問。

終於有人解圍了。

愛瑟克睜開眼睛大聲尖叫，每個人都笑了起來，只有我例外。

父親開玩笑地說，「他八成也餓了。」

我只好過來餵他吃母奶，對此我不免憤怒，因為自己也是飢腸轆轆，而且好歹也是個病人，卻必須被迫放下一切，不管自身的飢餓，先餵飽這個尖叫的小東西再說。這時距離我發揮母性本能還有一段時間，我還在等母親來照顧我。我坐著餵寶寶吃母奶時，開始冷靜一些，或許我必須學會當媽媽。愛瑟克抬頭對著我笑，唇邊隱約還沾有一些奶，我相信事情終究會好轉的。

我無路可退，我已經身為人母，接下來的幾個月，我所有的母性本能都逐一嶄露，尤其有一股一定要保護寶寶的強烈欲望，我已經可以不顧自己，卻非要照顧好愛瑟克不可。那幾個月我的事業也開始襲擊我的生活，像個黏人的小孩，它緊抓著我不放，以致於它也和我緊密相連。我無意做比較，但養育小孩和經營事業的確有許多相似之處。不管你真心投入什麼事，結果一定都會有喜悅、挫折、失望，然後在你不敢抱什麼希望時，會看到它開花結果，並享受到前所未有的成就感。我進入一個嶄新的世界，假使你已為人母，你可能比大部分的企管碩士有更好的企業經營方法，倘若你才剛要開公司，你大可以善用這些方法，邁向成功之路。

經營祕訣

靈感哪裡來？如何測試它們？

郵購公司和其他公司沒什麼兩樣，都是賣產品給顧客。所有東西——公司名片、電腦系統、目錄等都要花錢。所以不要浪費子彈去買花俏的文具或裝潢漂亮的辦公室，只要專心銷售產品和滿足客戶，公司就能經營成功。

因此，成立新公司時唯一最重要的事是產品，即使你賣的是服務而不是觸摸得到的有形物品。華爾街一些最成功的投資人，在選擇投資哪家公司時，是依他們日常接觸這些公司產品的心得來做決定。例如，若你喜歡康寶公司新推出的牛肉燉包，這是一種革命性的包裝產品，裝在會自動彈出並滑進微波爐的容器裡，你可能會認為，這家公司的確很能靈活掌握客戶的需求，並因此買進一百萬股左右的康寶股票。一家企業能成功其實沒有什麼大秘密，只要顧客喜歡，而且買了許多公司產品，公司自然能屹立不搖。

你要學會站在顧客，而不是企業主的立場去思考，這樣才能和你最重要的資源，即客戶的心直接連上線。如果你滿意自己的產品，其他人可能也會

經營祕訣

肯定你的產品，不要因為產品容易取得或生產成本低廉、手中有一大堆產品或你喜歡製造它們，而絞盡腦汁去銷售產品。如果沒有人對這些產品有興趣，一切都沒用。我開始做媽咪工房郵購型錄時，由於先前選購上班場合穿的孕婦裝的經驗令人沮喪不已，我知道其他孕婦也會有這種痛苦。既然我嗅出孕婦裝這個市場大有潛力，就算我對服飾或型錄這些東西外行也不是什麼大問題。我是自己最好的客戶，我知道女性以強大火力進軍辦公室生活，我知道拿企管碩士學位的女性人數已經多得數不清，我還知道這些女性都會待在職場。記住，如果你有人們想購買的產品，其他事都好解決。

莉莉安·飛儂型錄公司可以印證上述的思考邏輯，它也是我最喜歡舉的企業成功實例之一。規模二億五千八百萬美元，股票公開發行的莉莉安·飛儂最早開始建立它的企業王國時，是憑靠在「十七歲」（Seventeen）雜誌上刊登一則銷售單價一·九九美元、雕上個人名字的皮帶，和單價二·九九美元的皮包。如今莉莉安·飛儂靠銷售能刻印個人名字的日常用品賺錢，她的聰明之處在於，她站在客戶立場思考，客戶會願意花多少錢買哪些東西，然後，再額外提供客戶特別的誘因——產品上刻印個人名字的專屬感。

經營祕訣

想想你自己的經驗和需要，假使你對某種獨特的東西，或某種獨特的生活型態有精闢見解，這可能就是你進入中大型企業所不感興趣的利基市場的絕妙良機。現在很盛行的慢跑嬰兒車則是另一個例子。它結合小寶寶學慢跑和父母的需求，所衍生出的新產品。同樣地，兩位女性在二十多歲時想出慢跑胸罩的賣點，就是因為她們跑步時發現胸部需要更具支撐力的胸罩，她們推出這個產品四年後，銷售金額已經達到一百萬美元，現在產品線還增加了其他女性和男性運動服飾。想想看一些宗教是否有什麼特別的需要？節食的人在飲食上是不是有什麼不方便的地方？你有園藝專長嗎？你的興趣是什麼？有些種族是否有特別偏好的東西、口味或服飾？所有的這些情況都可能創造出別人想像不到的商品需求，進而帶來龐大的商機。你只要站在顧客立場思考，就能洞悉這個商機，再把這個市場需求轉化為生意就行了。最近我在一份專給女性看的運動產品目錄上看到一種新產品後，不禁自歎：「我怎麼從來沒想過這個？」那是女孩子的棒球帽，上面有特別的設計，可以讓女孩子放頭髮的馬尾。十歲的女兒一看到這個產品，就立刻要求購買。我敢打賭，這個偉大的構想一定是因為發明者自己有這樣的需要。

經營祕訣

我開郵購公司有個好處是，可以立即為產品打開全國市場。郵購公司不是街角商店，只賣東西給一小群住在附近的消費者。它的好處是，即使你的產品在一百人中只吸引一個人，你仍然可望成功，因為你把整個市場放在全美的三億人口上。當然，你要選對廣告媒體，集中火力對準一百人中那一個能被你的產品吸引的客戶。所以郵購是許多產品的絕佳銷售管道，像左撇子高爾夫球俱樂部的產品，可以在全國高爾夫球雜誌（National Golf Magazine）刊登廣告、一百美元的魚子醬可以向美食家雜誌（Gourmet）要客戶名單，把廣告傳單寄出去給名單上的人，還有，就我的例子而言，我在華爾街日報上刊登海軍藍上班族孕婦套裝。

在家庭辦產品發表會，是另一個可以從小規模發展為大規模的行銷例子。蓮納梅斯一九七七年開始做一種叫做「發現玩具」的家庭產品展售會，她的靈感來自於她找不到適合她二歲女兒用的益智玩具。這位上班媽咪借了五千美元，從一些管道買了一組益智玩具，後來她在一些朋友的家中舉辦產品展售會把它們賣掉。她的公司現在仍透過直銷業務來銷售益智玩具、書籍等，一年銷售額近一億美元。提到直銷，就不能不提玫琳凱化妝品公司的創辦人玫琳凱·亞許。她也是上班族媽媽，透過女性在家舉辦美容產品發表會來行銷保養品，玫琳凱公司現在年銷售額超過十億美元。

行銷產品的方法千百種，郵購和在家裡辦產品發表會只是其中兩例。你也可以在商店做產品零售、服務業、批發或任何其他型態的行業。不論你要發明新產品或只是行銷一些市面上極罕見的產品，或增加一般產品的附加價值，關鍵都在於站在顧客立場著想，並迎合他們未被滿足的需求。被忽略的市場空間還有上百萬個，你只要找到其中一個就夠你發揮了。

經營秘訣

本章摘要

- 設立新公司時最最重要的事，是決定賣什麼產品。
- 對某種產品或生活型態有獨到見解，便可望掌握龐大的商機。
- 尋找可以從小規模開始發展為大規模的生意。
- 站在顧客立場思考，不要站在企業主的立場看事情。
- 任何事業的致勝之道都在於滿足顧客眼前的需求。
- 被忽略的市場空間還有上百萬個，你只要找到其中一個就夠你發揮了。

第二章　第一本型錄

有構想和會行銷是一回事，能將商品訊息傳遞給消費者又是另一回事，在創業之初，這將是一件高難度的挑戰。

我的父母親在幾天後離開。母親其實不想這麼早走，但父親說，「拜託妳，薇瑪，他們自己的生活要自己過！」丹應該是已經做好心理準備要重整家園，但我的內心卻五味雜陳。我知道一旦他們離開，我不但必須自己照顧愛瑟克，還要面對才剛要起步的新公司，而這件事不能再拖延。

第二天早上丹開車去上班後，我覺得自己非常孤獨，我想我應該利用時間計劃自己新公司的事。做公司規畫時我先從目錄設計開始，打了幾通電話後，愛瑟克開始嚎哭，餵奶時間到了。

餵飽愛瑟克，把他放進嬰兒床後，我因為生產傷口的緣故必須去坐浴，即坐在水桶中的溫水裡浸泡十五分鐘。泡完後我沖了一杯咖啡，拿了紙筆坐在書桌旁，我在紙的最上方寫著：「媽咪工房」。我決定了型錄的名稱，接下來要做什麼呢？想了一會兒仍毫無頭緒，於是我打電話給丹，他正在和一些創投公司的人開會，不過他仍接聽我的電話。

「什麼事？」他問。

我知道他很忙，所以我單刀直入地說：「我該怎麼開始呢？」

「開始什麼？」他問。

「我的事業呀！」

他沒有立刻回答。

「這件事能不能晚上再談？我手上正好有事。」

想當然耳，他手邊必然有事，因為他已經有一家公司了，難道他撥不出短短的一分鐘時間來告訴我，要怎麼開始經營一家公司嗎？

「當然可以，再見！」我說。

他感覺得出來我心情不好，「妳可以考慮先列個比較有組織性的清單，把妳要賣的東西列出來，打電話給幾個供應商，做一些財務計畫。這些都做完後再打電話來，我們再——」

「好了！」我打斷他的話說：「我自己會處理！」

「晚上見」他說。

我聽到愛瑟克在嬰兒房內哭，雖然已經是早上十點，我卻還沒幫他洗澡。但此時我必須先餵他，尿布也用完了，我勢必要用百米速度衝到藥房買尿布不可。還好母親在冰箱裡準備好的食物還夠我充當午餐，這些事就夠我忙一整天了。

等我再回到書桌前已是下午四點了。以前我做事的效率很快，但現在即使是最簡單的事，也要耗掉我很多時間。光是到藥房就是一項浩大工程，要準備嬰兒車、裝尿布的袋子和嬰兒紙巾，把寶寶放進汽車安全座椅，再把他抱出汽車安全座椅，接著每個小時都要餵奶。我毫無喘息的機會，筋疲力竭後我決定小睡片刻。

看到丹回來時，我的沮喪和憤怒跟著爆發出來。一整天下來我就只在一張紙上寫了「媽咪工房」四個字。「這根本沒用，」我說，「我什麼事都沒辦法做，而且我也不曉得該怎麼開始，乾脆找個媬姆來帶小孩，我出去找份工作算了。」「這樣放棄太草率了。」他邊咬著吃剩的薯泥，一邊說著，「妳只要繼續撐一陣子就好，公司剛起步時是最有趣的時候。」

他竟然說有趣！我真不知道自己在做什麼，我要的是一家已經成立好，而且安全穩固運作的公司，一家你知道每天該做些什麼的公司，一家每天可以規律運作、有員工的公司。但此時我只有愛瑟克，我老是在和一個襁褓中的嬰兒說話，我不想開什麼公司了，我只要有份工作就行了。

「妳應該先從目錄著手，」他繼續說，「把它做好就會有進展。」後來幾週事情的確有些進展。身體復元後，我又精力充沛起來，我逐漸適應一面照顧小孩一面工作。我的態度是「小孩在哪裡，我就在哪裡。」事實上一個必須餵奶的母親，除此而外別無他法。和大部份初為人母者投資購買凱迪拉克型豪華嬰兒車相比，我買的這部價格低廉的折疊式嬰兒車實在是簡陋，不過它的好處是只有四磅重，我可以像拿幾本口袋書一樣輕鬆地把它掛在一隻手腕上。我隨身攜帶這部嬰兒車，而且不管走到哪裡總推著愛瑟克逛，我的袋子裡會放一些尿布，但不擺奶瓶等瓶瓶罐罐。只要他一餓，不管身在何處或手上正在做什麼事，我都不顧一切開始餵奶。如果附近有盥洗室，那很好，否則餵奶時，我會儘量小心不引人側目。我不讓旁人的注視或竊竊私語干擾到自己，我覺得如果有什麼地方不對勁，那是旁人的問題，與我無關。在餵愛瑟克六個月母奶的這段期間，我沒用過奶瓶或其他食物補充品，我們之間親密得彷彿有一條看不見的線，把我們母子倆的形體緊緊拴在一起，使我們無法分離，我開始體會出何謂母愛。

我需要三個東西才能展開型錄工作，即創造力、設計型錄和能吸引顧客的廣告。幸好自己也曾是個消費者，我覺得自己會知道要賣些什麼。這些年來隨著公司的成長，我從未停止站在消費者的立場來思考公司要如何經營，我盡量不去想「他們會買這個產品嗎？」相反地，我自問「我會買這個產品嗎？」我認為，最迫切需要的產品是海軍藍孕婦套裝，接下來我發現俐落大方的白色襯衫也是消費者想要的，然後我會找其他各式各樣的套裝、襯衫和洋裝——那種妳可以穿去辦公室的洋裝，而不是那種我以前在孕婦裝店看到的、稚氣未脫的洋裝。做過一些初步調查和工商分類電話簿的資料搜集後，我聯絡紐約市第七街的幾家孕婦裝批發廠商，和他們約了拜訪時間。接著，我帶著六週大的愛瑟克和拆疊式嬰兒車，搭飛機到紐約拉瓜迪亞國際機場。我推著他通過機場走道，坐下來餵他吃奶直到他進入夢鄉。到此時一切都很順利。

我在拉瓜迪亞機場攔了一部計程車直奔紐約市。商務旅行讓我精神大為振奮，我身負使命，有既定的目標，非常清楚要做些什麼，而且事情持續有好的進展。我應該帶個看起來很專業的公事包，不過我手上又要拿折疊式嬰兒車，又要拿裝尿布的袋子和筆記本，的確挪不出多餘的手來拿。好吧，反正我只要表現出一副很有自信而且專業的樣子就可以了。

第一個拜訪對象是貝蒂白利孕婦裝展示公司的貝蒂・白利。他們有五種系列的「高品質」孕婦裝品牌，展示中心在百老匯一四〇〇號五樓，就在曼哈頓服飾區的正中央。我走出計程車時，差點在馬路中央被一個迎面推過來，掛滿衣服的滾輪掛衣架撞到。我進去時貝蒂坐在桌前，約五十歲的她有一頭吹整得很漂亮的金髮，她穿著一套合身的衣服，腳下搭配相稱的鞋子，我能和這麼一位看來很專業的女士一起工作是件愉快的事，也相信她會知道我要些什麼東西。

她揮手示意我進去展示間，但眼睛視線都沒有離開過桌上的文件。

「請往前走，我一分鐘後就到。」她說。

現在回想起來，那時我根本不是她的重要客戶。

走進一間到處擺了掛滿衣服掛架的小房間，中間還有一些用來展示服裝的人體模型架子。我坐在一個小桌子旁邊，桌上的筆筒裡有幾隻削尖的鉛筆，鉛筆上印著「貝蒂白利孕婦裝展示中心」的字樣。愛瑟克一直坐在小嬰兒車內，由於是廉價嬰兒車，他整個身體都塌陷在車內。貝蒂讓我枯等許久之後，終於快步走進來坐在我對面。

「妳想看些什麼東西？」她的腔調輕快有力，但帶著施捨的口吻，連正眼都不瞧一下愛瑟克。

「我想做上班族孕婦裝的郵購型錄，正在找可以穿去上班的孕婦套裝和洋裝，款式要和一般的衣服一樣，不要那種一般孕婦裝的樣式。我懷孕時很難找到看起來像專業上班族的孕婦裝。」

她瞄了一下愛瑟克，又把目光移回來看我，我注意到她的眼珠子輕微地轉動了一下。

「就如同妳所知道的，每個懷孕的女孩都想來這裡開一家孕婦裝店。」她說，「市面上已經有許多家孕婦裝店，妳認為妳的公司能獨樹一格嗎？」

其實這樣的問題我還沒想清楚，現在回想起來，當時應該把原來對那些「一般孕婦裝」的想法告訴她。

「我的意思是我想專門賣水準高些的衣服。」我希望藉著保守的說詞來贏得她的好感。「我想妳們這裡的衣服可能比我懷孕時找的幾家孕婦裝店更好。」

「親愛的，我只賣高水準的衣服。」她不悅地說。

我立刻緊追不捨地問：「妳能不能給我看看妳們高水準的衣服和套裝？」

她立刻從椅子上跳起，把一些衣服掛架上的衣服拿下來，掛在人體模型架子上。我不得不承認她掛的一些衣服，比我懷孕時看到的那些人造纖維褲子，和故作可愛狀的T恤好許多。她有一些看來蠻得體的洋裝，和幾件合身的褲子，唯一欠缺的，是像我渴望中的那種代表專業的海軍藍孕婦套裝，坦白說，她連半套套裝都沒有。

「那套有紅色領結的海軍藍洋裝怎麼賣？」我問。

她看一下衣領上吊的標籤說：「批發價六十九．九美元。」

我原先猜想的售價是這個價錢的兩倍。我看過一本談零售的書，上面說零售價格約是批發價的兩倍，而這裡的一件洋裝賣一百四十美元，和我鎖定的價格差不多。「同一種款式妳要買幾件？」她問。

電話響時我正在想該如何回答她才好，她的助理在隔壁房間接起電話後大叫：「貝蒂！沙克斯打來的。」

貝蒂似乎馬上陷入警戒狀態，迅速整理一下裙子和頭髮。「妳可以看一下，稍後再打電話給我。」一邊說邊離開，到隔壁房間去接電話。

在此之前我從來沒有像這次三兩下就碰了個硬釘子，或許你會以為她應該很有興趣結交新客戶，會在把我打發掉以便去接沙克斯的電話前，先有風度地和我握手致意，會抱一下愛瑟克或者其他什麼友善的舉動。一時之間我感到茫然失措，在愛瑟克的哭聲傳入我的耳朵時，我才猛然回過神來。他的小身體比剛進門時更加塌陷入小嬰兒車，以致現在幾乎蜷縮成車上的一團小球，我知道這時的哭聲是他嚎啕大哭的前兆。我趕緊把他抱起來，提起嬰兒車，在還沒走出大門前，我們出了大糗。我和愛瑟克的身體很有默契，每次他餓時我也會覺得奶脹，我的胸部開始滴奶，餵奶的墊子已經濕透，上衣前面都被奶水弄得又濕又狼狽。

「附近有洗手間嗎？」我問貝蒂的助理，努力不讓聲音透露出心中的驚慌，她給了我一把鑰匙圈上有一個大大的「B」字的鑰匙，說：「往下走，過了升降梯後右轉。」

拿了鑰匙後，我直奔洗手間。這時愛瑟克哭得更大聲，洗手間既小又髒，連個坐的地方都沒有，我只好斜靠在水槽邊餵他吃奶。那裡根本沒有地方可以讓他躺下來換尿布，所以我脫掉外套，把外套鋪在骯髒的磁磚上，為他換尿布，並祈禱他千萬不要把尿撒在外套上。

此時已經超過下一個客戶的拜訪時間，所以我又匆匆忙忙地把愛瑟克放回嬰兒車，跑回貝蒂的展示間，歸還鑰匙圈上面有大大「B」字的鑰匙，再回到電梯，像個瘋女人般推著愛瑟克的嬰兒車。在我到下一個展示中心時，我看起來一定是蓬頭垢面又狼狽不堪。我的外套不但髒，而且半披半穿地掛在身上，上衣沾滿奶水污漬，我則是一副上氣不接下氣的樣子。接待員很緊張地看著我說：「如果妳再靠近，我就喊救命。」

我停下來喘息一陣子後，告訴她我遲到了幾分鐘，是否可以請她通知肯特先生我已經到了。我必須設法挽回局面，接待員帶我進去展示間後，我整個人癱在椅子上，並馬上被旁邊桌上的一小罐M＆M巧克力給吸引住。感謝上帝，這裡的每個展示間似乎都有這麼可愛的小甜點，從早上六點到現在，我都還沒有吃過東西，早就已經餓得頭昏眼花，而且如果我不趕快喝些東西，一定會馬上脫水昏倒，餵奶的女人必須不斷補充流質食物。

自從在洗手間為愛瑟克餵奶後，隔了很長一段時間沒幫他拍飽嗝，他有些煩躁不安，所以我把他抱起來，拍拍他的身體。這時肯特先生剛好走進來，說時遲那時快，愛瑟克猛地吐了一大口奶，並把溢出來的酸奶噴在肯特先生雙腳正前方的地毯上。

這時候是認清一個人胸襟風範的絕佳時機，因為我狼狽落魄又無助，迫切需要同情與諒解，而身為企業老闆的他，衣冠楚楚也威風凜凜地站在我面前，這時他可以表現得讓我覺得自己像卑賤的市井婦人，也可以表現得讓我以為自己是優雅貴婦而重拾自信。結果他卻咧嘴大笑說：「妳的小孩可真訓練有素。吐得真準。」我笑著說：「可以給我一杯水嗎？」

隨後我們馬上切入正題，他提供我非常詳盡的孕婦裝常識。雖然他的產品不是我要的那種，我還是向他訂購了一些東西，之後多年我們一直維持良好的友誼關係。

當天剩下的拜訪活動我都有氣無力地撐過去，等到搭機回家時，我簡直頭痛欲裂且腰酸背痛。愛瑟克也被我累得一路睡到底，機上鄰座太太直誇他是乖寶寶。這趟出門有些收獲也有些失望，因為我找到一些品質不錯的產品，可以放在我的目錄裡。但我一直要找，也是被我列為最重要的辦公室孕婦裝卻好像沒人賣，看來孕婦裝這個行業似乎和整個流行服飾業不太有交集，市面上根本沒有海軍藍上班族孕婦裝這種東西。這麼一來就沒戲唱了，我終於了解為什麼沒有半家孕婦裝店賣上班族孕婦裝，因為這種東西根本沒人生產。

那天晚上我一直到晚上八點，才拖著疲累至極的步伐回到家。我的肚子早就餓扁了，丹已經在烤披薩等我，披薩稍嫌乾硬但吃起來倍感美味可口。我一手抱著愛瑟克餵奶，一手將披薩送進嘴巴，一面把當天出門的經過一五一十告訴丹。結論是我更確定孕婦裝市場還有很多值得發揮的空間，問題是我不知道怎麼去發掘它。

「妳想放在型錄上卻又找不到的產品到底是什麼？」他給我另一片披薩時問。

我想到自己懷孕時如果可以穿海軍藍孕婦套裝，而不是穿那種灰色寬鬆背心裙和海軍藍外套，不知道有多棒。我說：「今天我連半件像這樣的衣服都找不到。」

「那好，」他說「如果你這麼肯定妳理想中的孕婦裝很有市場潛力，那簡單，妳自己在型錄上擺個假樣本就行了，然後再看看有沒有人要買。」

「弄個假樣本？怎麼弄？這又不像電腦業那麼簡單，我總不能隨便弄個硬紙板模型，上面掛件衣服，拍張型錄照片就好了。」

「我不能這樣，不能那樣，什麼都不能。」他模仿我的語調說：「如果做事情老是只想到『不行』，就永遠沒辦法『行』，妳就不能有些創意嗎？」

「好，就算我想辦法弄個假樣本，也拍了照，如果真有人下單要買，到時候怎麼辦呢？」

「那時你不就知道這種東西果然值得賣，就這麼辦！」他說。

「說得好，可是到時我根本交不出貨給人家，在廣告上賣不存在的商品，這樣的廣告就是欺騙不實的廣告，而且那筆訂單也會泡湯。」我滿腦子還是一直想著「不行，不行，就是不行」。

「船到橋頭自然直，到時妳把東西做出來不就得了。」他耐著性子慢慢地說。

我看著他，腦袋裡想的仍是我對那行生意外行得很，我必須停止這樣的思考方式，要勇敢大膽些。如果他認為我可以這麼做，或許我真的可以，況且這麼做也沒什麼損失，反正我既年輕又有好幾個學位，隨時隨地都不愁找不到工作。

「好，我就這麼做。」我說。

我就是這麼踏進製造業的。

弄個上班族孕婦套裝的假樣本，後來變成很容易的事情。我回去多伯慈孕婦裝店買了一件新的灰色背心裙，因為我原先穿的那件背心裙，經過多次穿著後，早就可以當舊衣回收了。我還去買了一件新的海軍藍外套，我另外買了一些染料，把背心裙的顏色染成深灰色。我用拍立得速拍相機不斷為這件裙子拍照，直到確定背心裙和外套影像的色系，在黑白照片裡都是同一種灰色調為止，雖然背心裙是灰色的，但我打算在型錄上把它描述成「海軍藍套裝」。

接下來第二件事是製作型錄。我給自己的創業預算是一萬美元，目前為止已經花了三千五百美元買一些孕婦裝和海軍藍套裝來當存貨。我合計製作目錄要再花三千五百美元，廣告可能也要花三千美元。把目錄上的這些東西湊在一起，又是一長串的廠商電話名錄，攝影師介紹一位商業美工設計師給我，我從當地一家模特兒學校找來幾位模特兒。每做一種決定都是一種學習，例如型錄要用哪一種紙？道林紙？銅版紙？雪銅紙？要用幾磅的紙？白色色度要怎樣？我學會把所有這些問題丟回給廠商。比方說，我發現如果我說：「你建議我用哪一種？」通常他們會回答：「那要看你想用哪一種、你的預算多少、目錄內容是什麼等等。」但是如果我換個問話的方式說：「如果你是我，照這種情形你會怎麼決定？」他們就會說：「那我可能挑白色的道林紙。」我的決定就會是：「就選你說的這個好了。」

我們在三月份某個陰雨兼寒風刺骨的週六，進行商品美工攝影。那天，丹他們電腦公司的一位法律顧問，答應讓我們借用他的辦公室。原先我的構想是要以一個看起來很有專業水準的辦公室為背景，拍攝目錄上的商品。但結果顯示這個主意笨到家了，因為如果不在攝影棚內拍專業照片，實在非常難控制拍攝結果，燈光老是弄不對，你必須不斷調整攝影機，多拍好幾組不同的照片，以便看看哪一組的拍攝結果最理想；背景永遠沒辦法安排妥當，因為家具根本不是擺在你想要他們擺的地方等等諸如此類。我早該聽攝影師的話，但無論如何我們還是在一天內把事情辦完，因為預算很緊，我只能照計畫付那些模特兒一天的工資，也因此短時間內要拍那麼多東西，壓力實在很大。

拍完後我得請飛達快遞公司，把一些借來的樣本服裝送還給廠商。之前我還得不匍伏在地，苦苦哀求貝蒂借我四件要命的孕婦洋裝，作為這次型錄商品拍攝用。你八成以為貝蒂會因為有機會讓她的商品在我型錄上露臉而付錢給我，但她顯然不看好我將來會成功。此外，愛瑟克感冒，不像平常那麼乖巧，我必須不斷餵他吃奶和抱他，同時還要忙著在拍照前，把穿在模特兒身上樣本衣服的所有縐折拉直，在他們的手上塞法律全書、筆等小道具。丹是攝影先遣人員。他都趕在拍下一組照片前，先找出最佳的新場景，緊接著他和攝影師要把所有燈光和設備迅速移往下一個拍攝地點。

完工時約是晚上七點，我疲憊得幾乎全身動彈不得。當我們去友善餐廳吃晚飯，並打包一份特濃巧克力奶昔和兩份哺乳母親常吃的起士堡時，我第五十九次懷疑自己在做什麼，和自己是否真能有絲毫的成功機率。丹也第五十九次勉勵我要往前走，不要放棄，回家後我立刻癱在床上。

我的廣告預算只剩三千元。我的想法是在報紙和雜誌上，為型錄刊登小小的廣告就好。我計劃一份型錄要索價兩美元，以把觀望者從真正的消費客層中過濾出去，但最主要的原因，當然是我沒那麼多錢印一大堆型錄。接下來我要在型錄中放一張小小的衣物材質樣品卡，真材實料地展示型錄上所展示服裝的布料材質。如此一來，即使型錄色彩是黑白的，顧客也可以憑觸摸和眼睛來感覺型錄衣服的質感。我相信這種效果會比彩色型錄好，更何況，四色印刷的成本還遠比黑白印刷貴許多，當然向廠商要區區幾碼布料來做小樣品，就好像拔牙那麼痛苦，你可以想見貝蒂的感覺，畢竟她賣的每種款式孕婦裝，我都只訂二十件，和沙克斯五街的龐大訂單相比較，實在是小巫見大巫。

後來我只能刊登兩個廣告，一個刊登在華爾街日報，一個刊登在紐約客，而且都只登一次。每則廣告大小約一英吋長，三英吋寬，上面以「懷孕嗎？」的粗黑大字橫跨廣告文案的上半部，下半部的廣告文案則註明，索取上班主管孕婦裝型錄的連絡處。那時我連一隻免付費電話或其他專線電話都沒有。

我認為每個懷孕的女性主管都會看華爾街日報，所以「懷孕嗎？」這個廣告在華爾街日報上應該會明顯引起她們的注意，到現在我還不確定當初在紐約客刊登廣告是否為次佳選擇，但那時我訴求的對象是精挑型的郵購消費者，而我知道每家診所的候診室都擺著紐約客雜誌，上面有各式各樣琳瑯滿目的郵購廣告。

至今我還記得華爾街日報刊登廣告的那一天，廣告刊登的位置絕佳，我真不敢相信自己的運氣那麼好，因為一個小廣告在那種大報上很容易被淹沒。結果它刊在頭版新聞「派蒂．赫斯特綁架案」文續接版內容的正旁邊，這種新聞正好是女人深感興趣的。

事情的進展開始令人振奮起來，我在郵局租了一個信箱來接收索取型錄的信函。我每天都滿懷希望，開車到郵局看看是否有來函，並暗自祈禱信件如雪片般蜂湧而至。第一封信讓我精神大振，上面寫著：「請寄高階主管孕婦裝型錄給我，雪倫．畢斯利寄，芝加哥市三區橡樹街五百號。」這一刻我永生難忘，生意上門了，而且她還寄了一張兩美元的支票。這是我的第一筆生意收入，她看到我的廣告而且想要我的商品。我愛你，雪倫，我高興地把這封信貼在書桌上方。

接下來幾週，每天收到索取型錄的來函，數量都穩定地在十五到二十封之間，每封信都要求我寄樣品卡。晚餐後我們的廚房就搖身一變，成為樣品卡製造中心。原先我印了一些樣品卡，上面的每種樣品布料都約有一英吋長，兩英吋寬，經過和丹討論後，我決定把樣品布料釘在型錄上，以取代原先用黏貼的方式，以便顧客可以真正觸摸和感受到布料的材質。前面一百份左右的布料卡，都是我和丹一一裝訂修整，到了夜晚我的雙手腫痛，可憐的丹還兩次釘到自己的手指，後來我們改進這些裝訂布料樣品卡的方法，結合有鋸齒邊的裁紙刀和工業用釘書機，一面裁釘一面討論進展。

從某方面來說，從空談到著手進行，是向前邁出很大的一步。你可以藉設法賣出一種商品來測試你的想法是否正確，不必做什麼市場分析，或組一隊特派人馬，或洋洋灑灑地揮寫經營企劃書，只要帶一份商品走出去，找人買下它就行了，接下來我就必須看看顧客是否會買我的商品。

經營祕訣

開展郵購事業

你的偉大構想出爐了，但怎樣才能有效的讓目標客戶接觸你的產品？當時我用的是最單刀直入的方式，我買了許多件衣服，將它們拍照，印在一本型錄上，在消費性刊物上刊登廣告。毫無疑問地，你不難找到一大票專家顧問幫你設計和印刷型錄，他們多半也會做得比你好。但是我建議你最好慎重考慮自己做這些事，而且習慣去做一些以前從未接觸過的事，這樣你才能學到更多東西。到時你學到的知識甚至會比你省下來的錢還更有價值，以後當你和別人談到成本、專業知識等話題時，才沒有人騙得過你。

在著手印刷型錄前，先找個二、三十份別人的型錄，過濾出幾份適合的型錄範本，試著模仿它們，這樣做沒什麼不對！因為模仿是最好的讚美。如果你腦海中對如何製作型錄已有方向，就可以開始找一位美工設計師，工商分類電話簿裡頭有許多這類訊息，他們可以幫你找齊製作型錄所需的其他專業人才，包括攝影師和印刷廠。美工設計師可以幫你做一些基本的事，像商

經營祕訣

標、信紙、圖片等。他們還能做型錄的圖文編排，包括選擇字體和撰稿等。

我自己製作型錄時，有一位作家朋友從旁協助，他幫我寫部分包括描述商品在內的文稿。後來的幾本型錄，我都親自操刀，這些事其實沒有想像中的困難。那時我都毫不猶豫地大力模仿所喜歡的型錄內容。一些廣告詞如「我們最暢銷的苗條長腿褲，現在已使用柔軟的彈性伸縮斜紋布，讓妳穿起來格外舒適。」幾乎都可以用在所有服裝型錄上，只要稍做修改也能適用我的商品。

你的型錄做好版面設計後，接下來就是拍照。你可以自己當創意總監，從拍照場景、使用的小道具，到照片給人的整體感覺，都應該在拍照前先企劃好。我要再次建議你，第一次做這個嘗試時，最好找一些自己喜歡的型錄，把它們消化後再融入自己的風格，做全新的呈現。

印型錄很簡單。要用哪一種印刷紙、印刷數量和其他細節都可以和印刷廠商量。市面上也有印刷仲介商，你只要付錢，他們就幫你找到最好也最適合你的印刷廠，而且還會代替你監督整個印刷流程。不過，我建議你去找三家印刷廠，分別向他們要求報價，比較後選最好的那家就可以了。我印第一

經營祕訣

份型錄時，為了省幾百美元，印的數量太少，後來發現這個策略錯誤。如果製版完成，多印一千份型錄實在花不了多少錢。但如果我把型錄用完後想再增印，卻必須花更多錢重新製版。我在印刷型錄的過程中，不只犯這個錯誤。我相信只要你也能屢仆屢起，一定都能記取教訓，有所收穫。

依銷售產品的種類不同，你可以透過以下三種方式來傳送型錄：（一）在報章雜誌上刊登廣告，並註明自己的聯絡電話或地址（二）租用客戶名單，依這些名單寄出型錄（三）透過網際網路傳送型錄。就我的例子而言，市面上沒有懷孕三個月以內的女性名單。等到可以搜集到她們的名字，而且租到相關名單時，她們都早已超過願意透過郵購買孕婦裝的時機了。所以我被迫採用三步驟方案，即廣告我的型錄、寄型錄和把索取型錄的信函變成真正購買的消費者。要測試你的郵購構想，較省事的方法是先賣單一商品，完全跳過型錄，只為商品刊登一個小廣告。售價二十美元的商品如果是好商品，就已經足夠帶來鉅富。像那種由兩位女士所發明，很好用的三鋒汽車玻璃刮塵器，就造就了大生意，而發明人從未印過半本型錄。

要選擇哪些媒體來推廣你的商品，是依你的目標客層而定。計算廣告刊

經營祕訣

登成本則必須依每一千個讀者的廣告費用來計算，而不是看整筆廣告費用。舉例來說，如果你想賣東西給律師，當地律師同業公會刊物所提供的四分之一版廣告費可能是五百美元，發行量是二千份，但全國律師同業公會刊物提供的四分之一版廣告費可能是二千美元，發行量是十萬份。在這個地方不要打錯如意算盤。在地方刊物上對每一千個讀者的廣告費用是二百五十美元，但在全國性刊物上則是二十美元。因此決定在哪種媒體上刊登廣告時，一定要看每一千個讀者的廣告費用成本。

你要確定在每個廣告上註明的洽詢地址都分別編上號碼。當客戶來電或寫信來時，依上述地址編號查出他們是看到哪一個廣告才和你聯絡，配合計算索取型錄的洽詢份數和後來的銷售金額，這樣才能知道每一個廣告的效果。如此一來，下回你才能確定要在哪家媒體投資廣告費用，如果你使用電腦來追蹤銷售，這些成本計算過程會簡單許多。

發展生意時，客戶名單會是你最有價值的資產，你要確定有辦法收集所有相關客戶的各種可能資訊。以我的例子而言，由於我只能在客戶懷孕期間擁有這個客戶，我必須不斷搜集新名單，而且做孕婦裝生意不可能有「老客

經營祕訣

戶」。這是我當初想做郵購事業時萬萬料想不到的，而且事後也使我的整個郵購事業陷入瓶頸，後來我被迫不得不以開新店來因應。

如果你決定租一份客戶名單來寄型錄，有必要掌握一位客戶名單仲介商。我建議你向直效行銷協會（Direct Marketing Association）訂閱雜誌，上面有許多客戶名單仲介商的廣告。客戶名單仲介商會幫忙弄到你的目標客層名單，不管這份名單是另一份型錄的郵寄名單，或從許多份郵寄名單中篩選出適合你的名單，這個每千位收件人名單的租金費用，在美國從二十五美元到一百二十五美元不等，名單形式可能是已印好的郵寄標籤或存在電腦磁片上。一旦這些名單中的一個人來電洽詢商品，那個客戶就可以列在你自己的名單中了，成功的客戶洽詢率大約是所有寄出名單的百分之一到百分之三。

眾所皆知網際網路是未來潮流所趨，如果你認為你的商品透過網際網路行銷可以受益，你可稱得上是有先見之明。我們直到最近才在網路做線上型錄，到目前為止雖然成績稱不上斐然，但持續有令人欣慰的成長表現。先撇開諸多細節不談，如果你的商品能在網路上露臉，等於是一腳踩在成功之路

經營祕訣

的開端。你的網站要有各種搜尋引擎，而且很重要的是，要放在目錄頂端附近，以便你的客戶能快速找到所需資訊。此外，我還在學如何駕馭這種新的行銷工具，而且已有心理準備，在學會前免不了會犯許多錯誤。

就銷售一種獨特、客戶群不多，但有全國性市場的商品來說，郵購是極佳的管道。你可以只花少許錢就接觸到龐大的客戶群。而且由於郵購生意不但可以從家庭開始，還可以在家裡做，對希望在家工作兼照顧幼小子女的女性來說，是再好不過的創業之道。任何人都可以展開郵購事業。任何新事業要能成功，首先必須想出獨特且切合市場需要的商品，當然你面臨的下一個挑戰將是找到這個具體商品。有構想和會行銷是一回事，把商品訊息傳遞給消費者又是另一回事，在創業之初，這將是一件高難度的挑戰。

本章摘要

- 任何人都能展開郵購事業，由於這種事業在家就可以開始進行，對希望在家工作兼照顧幼小子女的女性來說，是最好的創業之路。
- 要能習慣做以前從未做過的事，你因此而學到的知識，將會比因此而省下來的

經營祕訣

錢還有價值。

・創造一本型錄時，不妨大膽抄襲自己喜歡的型錄。

・一旦製版完成，每額外加印一千份型錄，成本都很便宜，所以印型錄時份數不要太少，免得因小失大。

・刊登廣告時，要計算的是每一千個讀者的相對廣告費用，而不是整筆廣告的絕對費用。

・每個廣告上註明的消費者洽詢地址都要分別編號，以便能了解在哪家媒體刊登廣告最有效益。

・儘可能搜集客戶的各種資訊。

・如果要租用郵寄客戶名單，就需要找郵寄客戶名單仲介商。

・網路是未來潮流所趨，讓你的商品在網路上露臉，提高能見度是邁向成功的開端。

第三章　生產虛擬套裝

不論你的商品是量產還是獨一無二的；是買來的還是自製的，都必須確定商品合乎客戶需求，因為這是成功的基礎。

我們的一位供應商生產孕婦裝已經五十年，他告訴我：「零售業並不複雜，如果買進的成本價是五元，就可以用十元價格賣出，這種邏輯不必到哈佛唸商學院就會了。」基本上他說的沒錯，問題是我在型錄上用模特兒展示那件自己假造的海軍藍套裝，使我的零售生意變得比較複雜。接到第一份指明購買那件套裝的訂單時，我搖身一變成為製造商兼零售商。今天，媽咪工房幾乎可以算是一個完全垂直整合的孕婦裝公司；換句話說，我們設計、製造並零售自己公司的產品，和Gap公司的經營方式相同。Gap門市服飾上的標籤全都掛著「Gap」的商標，產品都是他們自己製造，而且只在Gap門市才買得到。這和梅西百貨（Macy's）公司的經營大相徑庭。走進梅西百貨，你會發現各種不同品牌的衣服，從卡文克萊（Calvin Klein）到露華濃（Revlon）等形形色色的品牌，琳瑯滿目。梅西百貨不製造其中任何一種品牌，只是向各家不同的製造商進貨，他們只零售商品（以五元買來然後以十元賣出）。垂直整合一個產業的好處是，沒有人會從中賺一手，理論上，Gap的卡其褲價格能比梅西百貨低，甚至也可以和梅西百貨的訂價相同，但賺得更多利潤。

當時我還沒想透這些道理，只是想辦法把適當的商品納入型錄中。起初，我的作法大抵遵循五元買進、十元賣出的法則，但後來那件海軍藍孕婦套裝把我導入完全不同的方向。有了型錄後，我的下一步工作是應付訂單需求。截至目前，我所做的一切都是在花錢，但做生意是為了賺錢，那件「虛擬套裝」可望為我帶來很好的利潤。履行第一份訂單時，我既興奮又害怕，我知道必須想辦法製造出那件海軍藍孕婦套裝，並且供應訂單——畢竟那可以賣二百五十美元，是型錄上最昂貴的產品。

那一天我什麼事都做不成，因為我很想跟丹商量，卻又一直告訴自己，不要每件瑣事都打電話煩他。像平常一樣，那晚回家，我還沒等他脫下外套或問他一天下來的經歷，就一股腦兒地訴說我工作上最新的進展。丹悠閒地聽我說完，隨即準備分析我新的製造生意。

他平靜地說：「妳必須拆開妳自己的套裝，做結構分析研究後，才知道怎麼製造套裝。」

「丹，這是套裝，不是波音七〇七飛機。」

「這沒什麼兩樣，過程都是一樣的。去把妳的舊套裝拿來，我們看一看。」

我把我那件套裝從衣櫃取出，把它攤在客廳地板上，兩人從每個角度仔細研究它。我們的表情像實驗室裡的兩名工程師，看起來像是要發明核融合一樣，在這個過程中，我讓愛瑟克坐在他的嬰兒椅上，我們把外套襯裡割開，瞧瞧裡面是什麼，列出所有的組合成分：鈕扣、標籤、襯裡和縫線。高中時，我學過一點裁縫，所以大致了解眼前是些什麼東西，也做了筆記。基本上，我們的結論是，我需要三樣東西：布料、款式和找人把它縫起來。

第二天，我帶著愛瑟克開車到波士頓市中心，拿著我的布料清單上布行。我告訴店員，我要為我先生裁製一件套裝，需要店裡最好的羊毛套裝布料，他賣給我五碼海軍藍軋別丁（garbardine）布料。丹和我搜尋過他衣櫥裡所有的套裝，所以我可以分辨什麼是上好的套裝布料。最後，我選擇了軋別丁布，因為它類似丹的海軍藍運動外套，一碼布二十美元，加上鈕扣、襯裡和其他配件，我大概花了一百一十五美元。算一算，等到我付錢找人設計款式後縫製這玩意兒，如果到時還能賺錢真是走運。

丹說：「別擔心。這只是產品範本而已，以後再操心怎麼賺錢也不遲，先做出一件好產品再說。」

先做出一件好產品，那是我的任務。再一次我查閱工商分類電話簿，沒找到款式設計師，好吧，試試「縫衣代工」如何？當我洽詢過幾個裁縫師之後，發現他們不負責設計服裝款式，而且做一件套裝索價二百美元以上。我把這些資訊拋諸腦後，免得情緒大受影響。我必須爭取時間。這位女士不會一輩子等我發貨。我估計要兩、三週的時間完成這件事，除非確實交出一件成品，否則我無法確知自己的點子究竟好不好。任何人都可能看圖片訂貨，可是，未必真的喜歡實際的東西。

我浪費一整天的時間打電話和查工商分類電話簿。丹回家時，我又憂心忡忡起來。

「事情根本沒辦法進行，波士頓沒有縫衣代工。」

他把公事包丟到沙發上，然後看著我，評估一下情勢。

他說：「我們出去吃晚餐吧！好餓！」

我根本沒心情考慮做飯。我抱起愛瑟克，二十分鐘後，我們在速食店吃漢堡。

我說：「這根本行不通，這套要命的套裝，製造成本會比我的訂價還貴，而且，我不曉得怎麼把它做出來。時間已經不夠了，還要為它浪費一整天。」

「妳怎麼不去紐約看看呢？那裡一定有縫衣代工。」

我說：「我沒那個時間，而且，我不能每接到一份訂單，就跑到紐約去呀。」

「試試看服裝設計學校怎麼樣？也許可以找他們的學生來做套裝？」

「丹，波士頓沒有服裝設計學校。」

他把餐盤裡的食物移來移去，似乎有些心不在焉。好像他根本沒在思考如何做這件套裝似的。突然間他放下叉子，抬起頭來說：

「如果我把電腦公司的持股賣掉辦退休，妳覺得怎樣？」

假如我不是儘顧著埋怨自己的事和問題的話，我可能早就聽他說這句話了。他對於合夥人有意見，但我們未來的財務狀況的確讓我有些擔心，家裡總要有人有工作和收入。但是難道丹沒有追逐自己夢想的權利嗎？沒道理他就必須肩挑全部的財務負擔，可是照事情的發展來看，媽咪工房似乎極不可能供愛瑟克上完托兒所，更別提讀完大學了。那時型錄處於初具雛形的階段，儘管引起許多興趣，但訂單數量很少，我不曉得我這個生意究竟是否可行。我知道丹賣掉他的公司會賺很多錢，可是我們下輩子靠那些過活是不夠的。我費力想這種新狀況時，丹只是看著我，等我開口說話。

我說：「那你退休後打算做什麼呢？你才三十九歲，難道不覺得這時退休太年輕了嗎？」

「我想寫小說，趁年輕做些完全不同的事。我對電腦晶片已深感厭倦，這輩子不想再看到它了，至少短期不想。就靠妳賣孕婦裝來賺一筆，我看我寫小說賺它個幾百萬，這樣我們就可以看電影啦。」

說著，他又吃起起士漢堡，他已經把我們的未來都勾勒清楚了。不知怎麼的，我對於那兩條路毫無信心，我的胃開始痛起來。

我指出：「丹，你根本沒寫過小說。」

他捺住脾氣又略帶惱怒地望著我，「那又怎樣？」

我真蠢，一般人都認為只能做自己有經驗的事，但丹不信那一套，他覺得可以做任何他決心要做的事，而且他認為我也可以這麼做。我們吃完起士漢堡後返家，我心想，不論用什麼方法我都必須做出那件套裝。

次日，我擴大搜尋範圍，到圖書館，找出波士頓四周鄰近城鎮的工商分類電話簿。波士頓不像大多數城市那樣地涵蓋龐大的都會區，其實只集合了一些小城，像魏斯頓、萊克斯頓、伯靈頓和紐頓，距市中心都很近，但全是獨立的城市，而且各有各的工商分類電話簿。我總算在麻州洛威爾市找到一家樣品廠。那天下午，我帶著愛瑟克、布料和我的舊套裝出發，開了兩小時的車，一走進店裡，我就知道，我要的東西就在這裡。這家樣品店位於一處帶狀的購物中心，以前可能是一家鞋店或什麼的。大約十位女士身穿色彩鮮豔的制服，正忙著以工業用的機器縫製衣服，她們全抬起頭來對愛瑟克微笑，愛瑟克則在嬰兒車上睡著了。店主是葡萄牙人，正用一隻狀似圓形大電鋸的工具，把布料切割成長條狀。所有設備同時運轉，發出的噪音震耳欲聾。我說明想要的東西後，他似乎馬上就明白我的需求，我把那件舊套裝和深藍布料交給他做，他說，他會裁製出一件尺寸八號的樣品衣。

我說：「你可以在腰圍處加大約三四吋，如果她體型比我大的話，就比較適合她。」

他問：「妳希望我用哪一種襯裡？還有，外套要做袖頭嗎？」

我不明白襯裡或袖頭是什麼，因此故技重施，「就用你認為最好的方式吧。」

全套服務他向我索價六十五美元，並告訴我一週交件。一週之後，我來拿套裝時，簡直不敢相信自己的雙眼。那套衣服簡直和我當初的構想一模一樣：一件很得體的海軍藍孕婦上班族套裝。我覺得很自豪，我相信我的顧客也會中意。實際上她不曾告訴我要這樣或那樣，但她也沒有退貨。她留下那件套裝，也付了錢。我一共接到六件海軍藍孕婦套裝的訂單，每一件都必須開車到洛威爾，商議另一種尺碼或稍微更改款式。

那年春天和初夏，我埋首寄發型錄，一接到型錄訂單就忙著交貨，雖然海軍藍套裝交貨過程並不輕鬆，但那不是唯一的挑戰。由於無從預期哪些產品最暢銷，有些衣服馬上就賣完，其他的衣服卻滯銷。有兩、三款衣服廠商甚至沒辦法交貨，害我失去顧客的訂單，這真的使我怒氣沖天。其中一款沒辦法交貨的產品，是貝蒂白利展示中心裡的一款洋裝。我打電話問她我訂的貨在哪兒的時候，她告訴我，那一款洋裝的訂單太少，製造商覺得沒什麼賺頭，所以就不生產了。當然，她不會在乎有顧客向我訂了那件洋裝，而我必須退錢。我接了那款洋裝的訂購單，花時間拍樣品照並把它放入型錄裡，這些對她而言都無關緊要。我學到擁有產品存貨控制權的好處，想辦法做出海軍藍孕婦套裝固然令人頭疼，但至少那還在我的掌握之中。

廣告登出來五、六週後，索取型錄者開始減少，後來變成乏人問津。大約三週過後，訂單也枯竭了。我只在雜誌和報紙上刊登一次廣告，所以，函索型錄自然不會持久。原先我希望花有限金額的錢，回收相當數量的訂單，當時的想法是，看看我的收獲是不是會超過付出，結果不然。我算了一下，收入是三千四百四十美元，小學生都可以算出來，我製作型錄、買布料和登廣告花費一萬美元，比我從訂單收到的錢超出六千五百六十美元，那可謂損失慘重。這時已經是六月。我不能再重登廣告了，因為我的許多商品是春夏款式，短袖、淺色和布料都是問題。是準備換季，推出秋裝的時候了，而且，我也沒有把握，如果重印型錄並花更多錢登廣告，能不能靠收入賺回那筆錢。型錄也必須做一些更動，因為有些款式已銷售一空。我必須把那些產品從型錄上移除，不然就得補更多貨，可是我認為那不可能，因為廠商已經開始製作秋裝了。而我還有滿滿一大衣櫃的孕婦裝庫存。有些人可能認為那是一種資產，但我不以為然，這整件事讓我覺得我應該就此罷手，出去找一份工作糊口。

如果當時我對郵購生意經驗足夠的話，我可能早已設法分析型錄索取的情形，了解函索者來自那些地方，以及型錄索取者實際轉化為訂單的比率有多高；我也會評估每一則媒體廣告，了解是華爾街日報，或是紐約客的廣告效益較高；我也應該要知道研究商品，了解哪些銷路好，和原因何在。之前我天真地期待，以小小型錄隨便射擊，就能擊中大獵物，我以為我的點子聰明無比，光靠那樣就能鐵定成功。我沒想到，做生意需要多年的時光來做逐步改良和成長。當我未能獲得立竿見影的成效時，我就準備收拾行囊回家了。

一如往常，丹在身旁支持我：「妳太輕言放棄了。」

「你說的倒輕鬆。我已浪費六個月，賠了六千美元，結論就是這門生意沒辦法做！」

「這個時候妳千萬別縮手，想想妳學到多少經驗，進步了多少，沒有人做生意第一年就賺錢的。那些新創立的電腦公司要砸下數百萬美元，才有機會賺一毛錢。」

「丹，這不是電腦公司，我們也沒有數百萬美元可以砸。妳看，我原本可以用花在型錄上的錢，買一套全新的傢俱擺在客廳，至少可以買一些對我們有用途的東西。」

「貝卡，要賺錢就要先投資。妳可能必須試個兩、三次才會做得對。可是，以前妳想出了好點子，現在仍然是個好點子。如果現在放棄，妳永遠不知道那個點子到底是不是可行。妳必須再試一下，而且，妳必須賣掉庫存貨品。」

那堆存貨迫使我再次嘗試，我太小器了，捨不得扔掉那些東西。再者，我也不甘心就此放棄。那時我還在餵愛瑟克吃母奶，並不想回頭找份真正的工作，不得已只好再試一次。只要再做一期型錄就好，我的想法是，一回生二回熟，我已經知道怎麼把套裝做出來，懂得如何製作並印製型錄，也了解紐約的成衣市場。丹說的對，我已經進步許多，雖然我賠了六千五百六十美元，可是我也的確還擁有那些孕婦裝，把它們擺在第二期型錄裡，幾乎不花錢就可以賣錢。即使許多衣服是春夏款式，也有許多款式是一年到頭都適用的。例如，襯衫、海軍藍套裝，和一些長袖衣服，都可以列入秋季型錄。我可以重覆使用部分照片，這樣可以省一些錢。我清楚哪些產品有銷路，哪些不好賣。我知道孕婦裝確實有市場，我也發現四十八美元的簡單型藍白棉布襯衫，很受上班族顧客以及休閒顧客的青睞，後者可能買來搭配牛仔褲穿。那款襯衫原本可以賣更多件的，可是全賣完了。我體會到，訂價十分重要，我認為那件唯一標價超過一百七十五美元的洋裝款式很吸引人，但它就是賣不出去。簡單地說，我學到每個消費者都同意的事：要按照客戶而不是自己的品味來採購。當然，第二期型錄我可以做得更好，不是嗎？

如果你的基本判斷正確，每次的挫敗都能提供很好的學習經驗。當你退回去再試一次時，通常會找出更好的方式。我很幸運，遭遇過幾次歹運，讓我在事業生涯中能多次扭轉乾坤，進入柳暗花明又一村的境界。正視第一期型錄淒慘的銷售數字，我不得不面對現實。我知道我的點子不錯，可是，不知道為什麼，我就是無法真正碰觸到客戶的需求。我刊登的廣告引起巨大迴響。事實上，我甚至得再重新印製更多份型錄，才能滿足那些需求。問題是，索取型錄的來函，並未轉化成商品訂單，難道是商品都不對味嗎？還是訂價太貴？

要回答這些問題，只有一種方法，問我的客戶。或者，更精確地說，問那些非客戶，也就是那些來函索取型錄後卻未訂購產品的婦女——「應該是卻不是的」客戶。那一週剩下來的幾天，我守在書桌前做電話訪問，我查閱型錄函索的回信地址，借助電話簿追蹤我的客戶。有些是住家電話號碼，有些是醫院、律師事務所等的辦公室電話號碼，各種我想得到職業的電話應有盡有。還有想買禮物給媳婦的婆婆，她們都提供我種種寶貴的意見。

「嗨！我是媽咪工房型錄公司的麗貝卡・馬希亞斯。能不能借用您幾分鐘的時間請教一下？」我有點緊張，不知該問些什麼。

「喔，嗨！妳的構想很棒。我本來想訂購一堆東西的，可是我已經在購物中心的孕婦裝店裡買了許多很爛的衣服，如果妳早一點推出當季型錄就好了。」我三月刊登廣告，後來才知道春裝型錄應該在十二月下旬或元月上旬寄出。到三、四月才登廣告或寄型錄，就沒搞頭了，只有哭的份，因為郵購消費通常在季初採購。

「我喜歡第三頁那件洋裝，可是從黑白型錄上很難分辨出它是什麼模樣。」

原來服裝型錄必須是彩色的，為了省錢印成黑白，反而因小失大。雖然我附上布料的樣本卡，贏得顧客喜愛，但那畢竟不能取代四色印刷。

「我喜歡妳的型錄，可是我希望內容能更豐富！」說的也是，只有八頁的型錄？幾乎不值得花郵資投遞。俗話說：「你不能推著空車叫賣。」如果我曾經確實計算賣出所有存貨的收入總額，我可能就會明白，即使我買的每件衣服都賣出去，收入仍不足以支付型錄印刷、郵遞和廣告費用。

「我要的是更天然的布料。」

「妳的洋裝幾乎都是短袖，在辦公室我需要穿長袖的，因為冷氣的緣故，在辦公室夏天比冬天還冷。」

「多賣幾件套裝吧！」

嘖嘖，我聽了滿耳的建議，和五十多位女士談過，每個人都很樂意和我談。結束訪問時，我覺得很充實，確信我可以做得更好，而且，憑直覺，我學到事業生涯中最重要的教訓：從顧客的角度來思考。我曾經說過同樣的話，可是，一直到我親自做顧客意見調查，或企管碩士所謂的市場分析，我才真的懂得做生意要顧客至上。他們的惠顧才是最重要的，而了解他們的消費傾向，是一家公司成功的關鍵。假如我以訂購者的眼光來檢視那份黑白型錄，我會看出它們內容貧乏。的確，我只專注於型錄的製作成本，但黑白型錄造成的銷售損失，遠超過彩色印刷的額外開銷。就連商品選擇，也欠缺顧客導向，我只買進我能找來補足型錄的商品，我知道那些款式大多不合適，可是我並沒有揣摩顧客的想法，而是以生意人的角度來思考，買了一大堆洋裝、短衫等等。如果我能退一步從顧客的立場來看商品選擇，我會說：「我絕不買這些東西。」既然我自己都不會買，我又怎能期待我的顧客會買呢？

此刻我滿腦子想的是嘗試另一期型錄，可是，在我大步前進之前，生活起了變化。丹與合夥人鬧僵了，後來讓售他的股份，我們陷入財務不確定的一片茫然中。沒錯，我們不窮，我們約有二十五萬美元的銀行存款，得自於丹出售電腦公司的股份，但是我們沒有收入，當然不能靠那二十五萬美元過一輩子。突然間，我們的抵押貸款成了龐大的負擔，而我們也不願意把儲蓄花在日常生活開銷上。

某個週日早晨，我們正絞盡腦汁思考下一步該怎麼做，丹建議我們一家搬去與我父母同住。

「你在開玩笑？」我與雙親的關係十分親密，但搬回去同住似乎有點太親近了。

「唔…不盡然。我的意思是，我們可以租用他們公寓的二樓，節省一點錢。而且，我喜歡妳的父母。」

我態度保留，「我也喜歡他們，可是，那未必代表我們應該跟他們一起住。你不常跟他們在一起，他們有時很難相處。」

事實上，我很高興丹這麼提議。想到有我媽媽在那兒幫忙帶愛瑟克，簡直是美夢成真。這時他已經十個月大，不再只是乖乖地待在我安置他的地方。我愈來愈難辦事，找來的褓姆並不理想，也要花很多錢，而且我明白，我媽媽甚至願意付錢求我讓她照顧愛瑟克。我的雙親都已半退休，但比我還精力充沛，把我的問題都丟給他們，這是多麼誘人的想法。當然，彼此適應也還需要一番工夫…。

其實我沒怎麼抵抗，我愛費城，搬回去是命中註定的事，我母親向來對我這麼說。搬家貨車滿載我們的行李啟程那一天，我沒有回頭看，我們坐進車內，朝南方駛向新生活。我們一無所有，卻也擁有一切，沒有義務、沒有包袱、沒有工作、沒有憂慮，也沒有很多東西。如果你從未有過這種經驗，就不會了解錯失了什麼。我當時年僅二十八歲，對我來說似乎沒什麼事是辦不到的。

經營祕訣

如何採購及製造產品

如何採購產品

接獲訂單是一回事，交貨又是另一回事。我創辦媽咪工房時的構想是，銷售職業婦女孕婦裝。我的挑戰是尋找合適的產品，並提供給顧客，結果我既買了一些衣服，也製作了一些衣服。

大多數人創業時的產品都是買來的。你想出很棒的創業點子後，下一個挑戰是尋找產品，產品現成就有，但你要如何找到並購買它們？

商展．每一種產業都有業界出版品和商展，你必須立刻加以了解。一九八一年時還沒有網際網路，但假使我今天創業，上網會是我查詢業界資訊的第一步。到圖書館查閱產業雜誌，參觀商展，找願意與你談話的人聊聊，問問題。花錢印名片，那是你的入場許可證。不必讓別人知道你的美食芥茉公司只是在夢想階段，連一罐都還沒賣出，必要時偽裝一下。對了，透過這個過程，你會知道有關你那一行的競爭環境。把自己當成海棉，吸收他們告

經營祕訣

訴你的一切，藉這些機會你或許能證實你的信念，也就是你的點子的確有大量的需求。你也可能發現，你的點子已經有人執行了，那可以為你省下許多時間、金錢和氣惱。

陳列室。參觀商展後，你會想花更多時間，參觀前途最看好的商家陳列室。幾乎各大城市都設有大型產業的集中式展覽場，所以你通常可以同時觀察幾家相關的供應商。找陳列室裡的服務人員談談，可能讓你受益匪淺，但是你必須問對問題。在陳列室問的重要問題包括：

※什麼是你們最暢銷的產品？他們會立刻告訴你。這則訊息很重要，尤其是當你剛開始創業，並無銷售經驗可依循的時候。如果我為第一份型錄採購服裝時，曾經問過銷售員這個問題，那麼我會得知一些相當基本的概念，例如，白襯衫的銷售量，是銷量次佳的其他顏色襯衫的兩倍，所以你必須按照比例採購。

※你們的銷售對象是誰？誰是你們最大的顧客？知己知彼百戰百勝，如果你能找出誰是競爭對手，以及他們下一季會賣些什麼，那麼或許你

能做出適當的反應。例如，你可以採取價格戰，大量訂購相同的產品，然後打折出售。

經營祕訣

※建議零售價是多少？　在某些情況下，通常是大型、較具知名度的銷售商，會強烈要求零售價，而商品送來時甚至可能已經先以那種價碼標價，雖然賣方指定零售價是違法的，但他們可以建議。你也許會發現，如果未經他們的允許就將其產品打折出售，再找他們供應未來的訂單需求，可能就很困難了。當然，市場訂價通常不會高於競爭對手，因為消費者太精明，不願意在你店裡付比別處多的錢。即使是小型批發商也會告訴你，他們其他經銷商的零售價大約是多少，因此你可以大概了解應該的訂價。

※你們的最低訂購數量是多少？　剛起步時，訂貨量會比其他經銷商少。有些大型製造商規定最低訂購量，可能使你無法訂貨。顯然你在過於投入之前，必須先了解這一點。

※大量訂購有折扣嗎？　他們不會大作宣傳，可是通常大批訂購可以商議折扣優惠。問題在於，量要多大才算大？那要看批發商和你的訂單對他有多重要而定，問一下絕對無害。

經營祕訣

※你們的信用條件怎麼樣？　盡量設法取得較長的票期。各行各業都有不同的信用措施，例如，布料公司通常在你收到貨品後六十天就要付款，如果提早付款，不論是交貨當時或之前，可望享有二至五％的折扣。在服飾業，許多批發商會採用現金折扣的政策，意思是說，如果你在收到訂貨後以現金支付，會有一定的現金折扣比率。這套政策起源於零售商的存貨規劃方式。零售店趕在月底前把貨進齊，準備次月出售，批發商如能在月底最後期限前交貨，會因為準時交貨而獲得回報。

※我的訂單和追加訂單要多久才能交貨？　你應該支付額外費用獎勵迅速交貨。如果必須為遙遠的未來預先訂貨，你就無從具備成長型企業所需的敏捷反應。追加訂貨是很重要的，如果你發現某種商品的銷路暢旺，而你無法再訂到貨，那麼你會因為缺貨而失去銷售機會。敏捷反應甚至比降低成本還重要，因為銷售是成長型企業的活力泉源。

※可以在你的產品上貼我的商標嗎？　通常要批發商在產品上貼你的商標，必須大量訂貨。如果他們肯這麼做，那顯然是促銷自己品牌的最好方法。有時候，批發商會在他們的標籤上加掛你的商標。對一家新創立的小公

經營祕訣

司而言，這種要求有些得寸進尺，但我認為這個問題「問一下也無妨」。

訂貨和交貨

訂貨．　以書面方式下採購訂單。採購訂單可以很簡單，用自己的個人電腦製作表格即可，或者你也可以在文具店買一份一般性的訂單。每一份採購訂單都必須註明「開始交貨」的日期，和取消訂單的期限。別讓你的批發商恣意依他方便的時間出貨。達成交貨時間限期協議，同時要確定，列入雙方同意的付款條件以及收貨地址，通常帳單地址與收貨地址會有不同。

運貨和交貨．　你要支付產品的運費，所以假如你有特別需求，要在採購訂單上註明運送方式。有些產品，特別是像傢俱這類高單價商品，不適合買來存放，你或許可以要求供應商直接運到顧客府上。這對現金流量可能真有幫助，因為你不必提早進貨，直到接獲訂單再進貨就好。

折扣．　絕不要全額支付交貨延遲、產品受損或與訂單不完全相符的商

經營祕訣

品。利用這個機會殺價，即使你認為商品值得全額支付，也可利用批發商的過失趁機賺錢！畢竟，協議明定，某種金額的錢付某種產品。如果批發商未履行諾言，你不應該付錢。

顧客退貨・　如果你的顧客因為製造商的疏失而退貨，你必須把產品退回給製造商並記在帳上。有時候，產品使用過或洗過以後瑕疵才會現形，通常你不能只是把貨退回給批發商，你必須與批發商協議由他們來取回，方法是簽定退貨授權書。幸運的話，你可以不必付運費，或是可以在未來訂單裡扣抵那筆帳。否則很難收到退款。

聯合廣告・　零售商常藉著與製造商合作打廣告的方式，善用他們的廣告預算。畢竟，你的廠商為他的產品打廣告，你同樣受益，沒有理由不和你分攤費用。

如何製造產品

經營祕訣

我承認，這個議題太龐大，無法用幾段文字交代完畢，容我只提供你一點概念。如果你想製造新產品，你將面臨一大挑戰，但是，你也會擁有別人沒有的產品。

專利與商標．　如果你果真發明有專利權的新產品，你必須花錢請律師申請專利，或設法加以保護。我的孕婦套裝沒辦法取得專利，可是我後來的確有一些點子可以申請專利，包括一種特製的鬆緊腰帶。律師會協助你決定你的產品是否特色鮮明、與衆不同，合乎申請專利的條件。你也應該考慮為你的公司、商店或型錄的名稱註冊商標。這需要請你的律師搜尋已註冊公司的名稱，確定名稱還沒有人使用後才能註冊。你不會願意投資了許多行銷和廣告費用宣傳自家公司名稱，卻於數年後收到律師的存證信函，要你停止使用你的公司名稱，只因他人已先取得使用權。這種情況確實發生在我身上。我在一九九０年創辦流行孕婦裝分公司，咪咪孕婦裝，以我妹妹的名字咪咪命名。一段時間過後，我被告知，那個名稱已被有三家門市的邁阿密孕婦裝連鎖店使用。最後，我被迫花錢向那家店的店主買下此名，付了三萬美元。

經營祕訣

設計·　視你的新產品而定，你或許需要設計師和代工的支援。這方面最好找自由業者，因為你顯然不希望在創業時就花錢僱人。創業的頭三、四年，我聘用按件計酬的款式設計師，他們通常憑著一幅素描或衣服紙樣，設計出一種款式，每套款式索價五十到一百五十美元，視款式的複雜程度和件數而定。本地設計學校是與自由設計師聯繫的好途徑。你也可以在適當的業界期刊上登分類廣告，或是一如往常，試著查閱工商分類電話簿。讓別人設計並製造你的產品，並不會剝奪你個人創意的所有權。只要點子、專利、商標和產品分銷權都歸你所有，你就擁有這個品牌。品牌即資產，例如，瑞球巧克力蛋糕（Rachel's Brownies）公司可以委託飲食店來承包、生產，或請衆多在家或其他地方工作的媽媽們代工。瑞球甚至可以聘請大師傅提供自家巧克力蛋糕的做法。但是，一旦使用瑞球巧克力蛋糕註冊商標包裝，經電台和廣告看板宣傳，打響知名度後，瑞球便成為這款巧克力蛋糕圖案的品牌所有人，不論實際設計和製造產品的是何許人。

經營祕訣

生產．許多新產品起初小量生產時，是以家庭工業型態製造的，然後才由更專業的承包商處理數量更大的生產事宜。家庭工業是指那些小型、沒有組織或非專業的生產者網路，通常是以家庭為據點。例如，許多家中製造的衣服，像是親手編織的毛衣，或是絹印的針織上衣，都是以那種方式起步。不論你如何起步，建立製造業的重點在於「迅速反應」，千萬不要容許冗長的前置時期和緩慢的生產步調。

消費者意見回饋．為了以消費者為導向，你必須傾聽顧客的需求，然後提供適當的商品。這意謂著每售出一項商品就進行評估，然後根據銷路好的產品，提供合適的顏色、尺寸，和恰當的商品。如果你在取得銷售資訊之前早就採購所有的貨，你購買的貨色可能不正確。你必須研擬一種「邊做邊調整」的經營策略，才能接納顧客的意見回饋、容許彈性並迅速上市。

做生意純粹是對顧客銷售產品。不論商品是量產、獨一無二的東西或是一種服務，都是你成功的基礎。而且，不論產品是買來或是自製的，都要確定商品能合乎客戶需求。

經營祕訣

本章摘要

．大多數企業主創業時商品都是採購而得。利用商展和產品陳列室尋找適當的商品。

．選購商品時，記得詢問批發商，符合你需求的暢銷商品究竟是什麼。

．詢問批發商他們的最佳客戶是誰，藉此打聽你的競爭對手和他們將提供的商品。

．詢問批發商是否有最低訂貨量限制、是否提供量販折扣、票期如何，以及第一次訂貨和追加訂貨要多久才交貨。

．詢問運送和交貨、聯合打廣告以及瑕疵品退貨的政策。

．如果你自製產品，你必須申請專利，或以某種方式建立品牌。

．千萬不要容許冗長的交貨時間和緩慢的生產流程。

．不斷蒐集顧客意見，以確定你賣的商品迎合顧客需要。

第四章　求助

當你挑戰自己的極限，或達不到自己的期望時，不要苛責自己，好好勉勵自己，再接再勵，做自己最堅強的支持者。

接下來的一年，我的生活大概是歷來最刺激的，經歷了好多做夢都想不到的事情。之後，當我遭遇挫折，我才開始體會到自己不是百戰百勝的。不過在當時，我正站在世界的頂端，沒有什麼能阻止我向前邁進。

我們搬進我雙親在費城市中心的住宅，住進二樓。我在這棟房子長大，如今我重返故居。我的父母，雷恩和薇瑪，住在社會山莊那區，是費城有歷史意義的區域。當地的住宅牆上嵌著紀念性的飾板，訴說建城者威廉・潘恩曾下榻於此，或班傑明・富蘭克林在此地發明印刷機。周遭圍繞這麼多美國開創性企業家的回憶，令我振奮。我們把大部份的傢俱收起來，只留下一些，就足夠裝飾這個含兩間臥房的小公寓，這似乎是一次冒險之旅。

我們就這麼安定下來，例行公事是：我忙於型錄事業，丹寫他的書，我母親在賓州醫院擔任兼職護士，可是她很有辦法，照顧愛瑟克的時間比我還多，她下午三點一返家，就在樓下照料愛瑟克，讓我處理一些事情。每晚我們在雙親住處用餐，我們輪流做晚餐，包括我父親和丹在內，每人輪值一晚，然後每週抽出一天晚上外食，分別去市區各種不同風味的餐廳用餐。我們當中沒人做朝九晚五的工作，在設想出這一套辦法前，我們全都按照彈性時間表度日。我們也都共同分擔照顧愛瑟克的責任。父親習慣推著他漫步市區，鄰近的女士們都認識他，因為灰髮的他，不分晝夜常推著廉價折疊車裡的可愛嬰兒，逛小遊樂場或公園。

丹對於開始做新鮮的事覺得興奮無比。他愛做不曾做過的事，而且，脫離電腦行業讓他鬆了一大口氣。他的小說進行得很順利，早晨大約四點四十五分，他就起床開始寫作，等到我七點起床時，他已是全神貫注投入寫作。用完早餐，我忙著做第二期型錄，他則已筋疲力盡。十點左右，他會停下來，晃到我的書桌前。

「我在思考妳的品牌問題，妳必須在衣服裡掛妳自己的商標。那麼一來，顧客每次穿上衣服，就看得到媽咪工房，那好比是免費廣告。」

我反駁：「那些不是我的衣服，不是我自己製造的。你想我該怎麼做？扯掉原來的商標，然後縫上我自己的嗎？」

他點頭說：「沒錯。」

「丹，那很荒謬，我可能挨告。而且，我沒時間每次接到訂貨就拆商標。」

「好吧，就保留原來的商標，然後把媽咪工房的商標也擺進去，有點像『亞曼尼，為媽咪工房製作』那樣，沙克斯也那麼做。妳必須開始考慮建立自己的品牌。」

丹熱愛行銷。為媽咪工房思索行銷方法，是拖延寫小說的好法子。「縫上商標會需要多久時間？兩分鐘嗎？妳覺得提升妳的品牌地位不值得花兩分鐘的工夫嗎？」

每天早晨，他都會想出另一種方法改善我的郵購生意。他的想法通常很棒，可是都需要額外的工夫，而我卻沒那個時間，畢竟他有的是時間做宏觀思考。我努力要印製這份型錄，沒有職員，甚至連助手都付諸厥如，而我已忙得分身乏術，無法再做額外的事。每天早晨，他都把我逼得忍無可忍。

「如果妳更了解顧客閱讀什麼刊物，妳的廣告會更有效果，妳何不組織一個焦點調查小組，在這次登廣告前先蒐集更多資訊？」

這個建議很合理，只是我絕對沒辦法抽出時間做那麼多事。「我沒時間那麼做，禮拜五我必須登出全部廣告，不然會錯過最後期限。」

「那需要花多少時間？妳可能把所有的錢都浪費在……」

「丹，這個星期我有六百萬件事情要做，明天又輪到我做飯，我還沒空去開設郵政信箱呢，廣告文稿內必須有回信地址，而且向貝蒂・白利購買的新洋裝也還沒有納入型錄，我沒空組織什麼焦點調查小組！」我情緒激動得尖叫，在一旁爬行的愛瑟克抬起頭，哭了起來。

丹抱起愛瑟克，想了一下。「妳呀，染上這種負面態度，就會錯失機會。」

「焦點調查小組是很好的構想，可是一天只有二十四小時。我需要幫忙！」

我終於說出口了，那番告白就像一個大包裹放在房間中央，等人開啟。起先，我們兩人都不願碰觸，我需要幫忙，我需要你幫忙，加入我的事業，讓它成為我們的事業，而不是我個人的。我們不反對一起工作，畢竟，打從我們結婚開始，就一直討論這種可能性。我也在丹的公司工作過，為什麼他不能成為我創辦事業的背後助力？但話說回來，我們真的想往這條路走下去嗎？

「嗯，我想，我可以在行銷方面幫妳一點忙，當我寫作寫得厭倦的時候，每天可以撥出幾個小時。」

當然，不久之後，幾個小時變成合夥打拚，此後，我們就一直並肩作戰。與其他導致人生重大轉變的決定一樣，這一回似乎也是輕易達成的。可是有時候，看似意外獲致的好運，實際上卻是一連串事件最後在瞬間促成的，丹和我一生都在朝那一刻邁進，而這個決定改造了我們共同的未來。

第二期型錄於一九八二年九月初問市，我已採納電話訪談中許多顧客的建議，用來改進我的型錄。我增闢新的選擇項目，包括一款數種顏色的套裝，我也混合使用彩色和黑白照片，我增加了廣告預算，丹則籌辦宣傳活動，設法吸引雜誌和報紙的注意，希望促使他們撰文報導。我們行動快速，但我總是疲憊不堪，我終於明白，不只是工作辛苦的緣故，而是我又懷孕了。

「這一定會引起很大的採訪興趣。」丹準備善加利用我們的新情況。「懷孕的女性因為其他懷孕的雅痞婦女開創事業，這些婦女曾為事業延緩懷孕，如今需要職業婦女穿的孕婦裝。加進一些郵購創業話題和人口統計趨勢，每個編輯都會找到值得報導的題材。妳可以拍照，當自己孕婦裝的模特兒。」

事實上，那與真實情況相去不遠。我們發佈新聞稿，附上型錄，寄給所有我們想上版面刊物的商業編輯、時裝編輯以及趣聞軼事編輯。從《理家能手》到《克雷恩的紐約事業》，全都想到了。那篇新聞稿只是一頁長的業務敘述，引用一些統計數字，反映三十多歲職業婦女懷孕生產的新趨勢。文中提到我的若干個人資訊和學歷，並以我為實例，展現整個人口統計學上的趨勢。事實上，那本身就是一篇完整的文章，如果某位編輯需要一篇文章填補版面，不論是雜誌或報紙的生活時尚版或商業版，他都可以順手把那整篇新聞稿拿來用。

我們到報攤，買下所有我們認為可能對這篇文章有興趣的雜誌，在編輯群名單裡查出生活時尚、美容和商業版編輯的姓名，然後寄發新聞稿。那時候，婦女兼顧就業和育嬰的話題很熱門，我們的故事很適合發表，而且，他們真的撰文報導媽咪工房，報導我們的故事。《職業婦女》雜誌寫了一篇報導，《費城徵詢報》在生活時尚版首頁登了一篇特寫報導。有一次，某家電訊社用了那篇新聞稿，納入他們的新聞摘要，被許多小鎮的小報用來填塞版面。我的顧客會剪下那篇文章，附上兩美元函索型錄，所以我見到各種沒沒無聞的小報都刊登那則報導。

有時候，編輯和記者會打電話來，徵詢我的意見和引用我的話。丹接聽電話時，都假裝是正式辦公室的員工，說：「我看看她現在有沒有空？」，這麼一來，辦公室就不會像只有我一個人。我則使出渾身解術，設法把郵政信箱地址塞入報導中，好讓讀者能函索型錄。至少，我會試著請他們載明，這是一家「費城公司」，好讓我的顧客可以借助電話簿與我們接觸。

當《華爾街日報》表示要撰文報導時，我幾乎跌坐在地板上。我愛極了《華爾街日報》，那是我的雅痞商業聖經。他們希望訪問我的一些顧客，所以我把姊姊露絲的電話號碼給他們。她和我一樣也有孕在身，預產期相隔一週，而且我可以信賴她說些適當有利的話。她是一位產科醫師，當時在華盛頓首府執業，我認為，她的

們沒有電視時，她幾乎無法置信。我本想跟她討論除了看電視外，各種運用時間的替代法，包括帶愛瑟克去公園、唸書給他聽、玩樂高積木、打掃公寓時讓他跟在身邊等等，可是當時我正與一位新的縫衣代工約好見面，而且已經遲到了，所以我只花了一分鐘，要求她做晚餐，煮什麼都行，並告訴她我一定會在五點以前回來。我告訴自己，只離開幾個小時，而且她看起來真的很親切。我知道，不應該趁孩子不注意時偷溜出去，因為那會毀了你們之間已經建立起來的信賴，可是我遲到很久了，所以我必須這麼做。

我記得，我一整天都在擔心愛瑟克。我曉得，我母親三點以前會回到家，在那之前他當然會平安無事。不是丹不關心愛瑟克，或是他迴避分擔家事和照顧小孩的責任，而是對他而言，離開愛瑟克不像我那般牽腸掛肚。不得不僱用褓姆時，他不像我必須與自己的內心做一番掙扎，同樣地，假如我們請不到人來協助處理家務事和晚餐，而必須每晚上麥當勞的話，丹也只會把它列為創業過程中難以避免的不便，而我卻覺得那是身為人母的可悲藉口。當然，有憂也有喜，喜的是我終於能夠把事做好。整個下午，我沒有小孩的牽絆，可以快速處理一件又一件的事情。

五時零一分，我走進房內的時候，褓姆已穿上外套坐在窗檯上，她站起來與我擦身而過，「晚餐在爐子上，小孩跟妳母親在樓下，我不幹了！」

她轉身離去時，我聽她自言自語地說：「沒電視！」我打電話給母親，確定愛瑟克沒事，然後，我走進廚房，看到平底鍋內那一堆她所謂的晚餐在爐子上燉著。丹在我之後兩分鐘進門，正撞見褓姆離去，他了解大致的情況後，我們兩人瞪了一下晚餐，互看了一眼，然後笑了起來，沒多久，我們就笑得歇斯底里，克制不了，我們重新光顧常去的快餐店，那裡有家的感覺。

我僱用的第二個褓姆，情況比較好，她真的喜歡照顧愛瑟克，可是其他的事情她不太能勝任。在一到十的刻度表上，可靠性的讀數或許是六，但幸運的是，在她遲到或缺席的日子，我的親人能伸出援手，而且，我在家中工作，所以還不致構成重大危機。

我利用新獲得的自由，到紐約參加一場全天的婦女創業會議。我搭乘火車，抵達喜來登飯店，那是一棟巨大的高樓，那天擠滿了看似專業的女士，全都湧入會場所在的樓層。她們提著公事包，身穿套裝，一臉嚴肅的表情。出席會議的女士應該有五百位，我很高興自己是這群人中的一份子。我想，我還沒發覺，我的郵購事業有多麼孤單和封閉。丹經營公司可以自得其樂，可是我需要社交互動和專業同儕，來驗證我的行動。我那天參加不同的座談會，討論主題例如「如何結算你的收益」和「成長的調適」。

在午餐會上發表主題演說的是黛比・費爾茲，費爾茲女士餅乾（Mrs.Fields Cookies）公司的創辦人。她的公司營業額高達一億六千萬美元，而且她是白手起家，昔日在加州某帶狀購物中心的一個窗口賣餅乾。她說，生意清淡時，她會把試吃的小餅乾擺在盤子上，然後跑到停車場，遇到人就分送餅乾。她講起自己的生意和她的巧克力片餅乾時，是那麼興致勃勃，因此光是聽她說話，就令人垂涎三尺。她有三個年幼的女兒，當年帶在身邊，丈夫也從旁協助，發展出一套令人驚異的電腦系統，如今支持她在全國各地開設數百家分店。演講完畢，她匆忙地走下講台，搭乘私人專機回猶他州。她在當地過著多采多姿的生活，鄰近滑雪度假中心。她是我的偶像，我仔細聆聽她的每句話，當下決定要效法她，如果她辦得到的話，我為什麼不能？我乘火車回家，夢想未來的生活。

接下來的數週，我是有使命在身的女人，我要建立一個郵購王國，每個我寄出的盒子，都是構築我夢想城堡的基石。白天我與時間賽跑，寄包裹、設計未來的型錄、記錄帳單和收據，並策劃宣傳活動。每晚飯後，我們根據白天的來電和來信索取型錄的要求，抄寫寄發型錄的地址。我母親把姓名和住址輸入我們那部個人電腦，內建一種很原始的郵購軟體。丹和我則負責裝型錄和貼郵票，而我父親會帶愛瑟克去散散步，偶而一同用晚餐的客人，則接受徵召，助我們一臂之力。

同時，我第二胎的預產期將至，姊姊露絲和我的預產期幾乎一樣，可是我的預產期過了卻還沒生。露絲先生產，因為那是她的第一胎，我母親覺得她必須到華盛頓幫她。讓母親離開，我的感受很複雜，我明白自己一直霸佔她所有的關注，可是我更需要她。跟我比起來，姊姊的生活可謂一絲不苟，她的廚房幾乎樣樣整理得井然有序，但我要找個鹽罐都很困難，我母親在露絲家可能只會礙手礙腳。

「我們只去一個星期。」她邊說邊把最後幾樣東西放進行李箱，她甚至沒把我爹留下來幫我。我在她一樓的房裡無力地蹣跚而行，我請的褓姆正在我們的房內打掃，表演操作吸塵器的功夫，因為我沒有吸塵器，她只得把我母親的吸塵器拖上樓。我有不祥的預感，可是我試著壯起膽子來，突然間，一連串碰撞聲和尖叫聲從樓梯上陣陣傳來。我們兩人衝到走廊，發現褓姆在樓梯底部呻吟，吸塵器纏繞在她身上。這位就是我母親不在時，我的幫手，她是一番好意，只是她從來就不善此道。我們幫她解開纏繞在她身上的線，放她一天假，並送她回家。

我父母離開約兩天後，半夜我開始陣痛。我們把愛瑟克託給鄰居照顧，然後步行三條街到醫院，還來不及脫衣服，喬希就一鼓作氣地誕生了，丹幾乎得伸手抓住他，因為醫生還在洗手。喬希一出生，就採取輕鬆的方式對待人生，迄今他依然如此。然而，他卻把我們其他人的生活給攪亂了，兩天後我出院返家時，母親尚未回來，沒法子把嬰兒交給她帶，爐子上沒有燉煮東西，丹也不像平日那般，悠閒地在躺椅上啜飲飲料，他像瘋子一般四處奔波，設法使生意維持運作，同時還要照顧愛瑟克。洗碗池裡堆著一疊髒盤子，可是在當時的情況下，我愛莫能助。我的背向來就有毛病，喬希出生那天，我的背簡直就要垮掉。我的症狀叫脊柱側彎症，也就是脊椎退化性地從一側彎向另一側，之前，我多半挺得住偶發性的背痛，可是這時候，早晨我幾乎沒辦法下床。我們走進屋子裡時，我只能走到父母在一樓的臥室，我實在沒力氣爬樓梯到我們的房間，所以，喬希和我只得住進我父母的臥房，直到他們返家。

我回家後的第二天，露絲和母親打電話來了解我的情況。露絲當然已完全復元，她們開始做諸如看電影、出外用餐等事情。我故作勇敢狀，假裝堅強，但事情顯然是一團糟。

母親問我：「妳要我回家嗎？」噢！那麼我就成了剝奪露絲「第一胎」援助的罪人。

我壓抑啜泣的鼻音說：「不要，妳不必那麼做，我很好。」

母親掛了電話，開始整理行李。

父母返抵家門時，情況大有改善，但我的身體狀況顯然沒有好轉的跡象。愛瑟克此時已一歲半，兩個包尿布的小娃兒，加上也在「包尿布」階段的生意，以及一個糟糕的背，這種組合可說是一大挑戰。最後，我去看整形外科，醫生直言不諱地說，我的背不但不會改善，甚至可能變得更糟，如果我不做重大的背部手術，讓他把我整個背部割開弄直，然後把（除了某一條以外）每條脊椎骨結合在一起，並另外植入金屬棒的話，那麼，我可能會英年早逝，且是緩緩、痛苦不堪地離開人世，而我死在手術台的機率是千分之八，終身癱瘓的機率則是千分之五。

一旦我與腦海裡的種種思緒妥協，明白動手術在所難免，就決心儘快完成。手術後到復健期間，我幾乎什麼事都無法參與。在這樣的時刻，你最好祈禱選對了終身伴侶，我知道那不是件容易的事，但不論如何，丹全程支持我熬過那段險惡的考驗。在這種時刻，搬回家住也有幫助，母親接下所有愛瑟克和喬希代理母親的責任，父親則同意代我管理媽咪工房。他幫我把帳單整理好，並交涉大部份的縫衣代工事宜。

那年是一九八四年，我的生意開始停滯不前。我才剛以愉悅的步伐快速邁進，如今情況卻變得牛步化，我不但必須放慢腳步，而且還得倒退好幾大步，我的決心即將受到考驗。我可以憑過來人的經驗告訴你，創業未必總是向前全速衝刺。

經營祕訣

兼顧新事業與家庭的十誡

坦白說，這部分對女性的用處確實更甚於男性。我認為，男性傳統上向來習慣兼顧事業與家庭，如果不盡然，起碼他們已牢牢學得這些誡律的一部份。再者，提及有關子女的議題，女性總是有性別責任的負擔，摻雜著罪惡感和同儕壓力，她們的認知也因此受到扭曲。

擁有成功結合母親與事業經營者角色的女性榜樣，使我受益良多。在我公司擔任多年董事的薇娜・吉布森，一直激勵著我。一九七一年她以買主身分加入有限公司（The Limited）時，那是一家八層樓的連鎖店，銷售流行服飾，合計年度營收達四百萬美元。她有兩個女兒，七歲和八歲，養育她們的同時，她一路攀登企業階梯，起初是副總裁，然後是執行副總裁，最後是有限公司的總裁，她使該公司壯大成為一家營業額十五億美元的企業。最近我問她，母親的角色會不會影響她的事業，她告訴我，克盡母職，使她學會耐心和理解能力，進而協助她在事業上管理眾人。雖然她承認，身為人母的

經營祕訣

罪惡感，有時也會闖入她的生活，但她說，工作並同時養育她的孩子，「我們的表現挺好的。」她的兩個女兒如今已長大成人，各有各的家庭。兩人已協力開設一家新的商店，銷售阿曼派教徒製的傢俱。薇娜說，她的女兒感謝她讓她們接觸商業，並灌輸她們自己創業的信心。與她們的朋友相較，她們說：「那些人不像我們可以獲得指引。」我見過薇娜的女兒，她們大方又能幹，且顯然敬愛她們的母親。我可以斷言，薇娜一生擁有雙重的成功──事業與家庭──而她的生命也因此更豐富。

雖然「兼顧新事業與家庭的十誡」也許對女性更有幫助，但我希望，讀者中有男士能繼續聽我娓娓道來，因為至少你們會對另一半受困的心靈有新的體會。而且，請記得，子女的事你也要負百分之五十的責任，想一想你如何能在突然間，達成兩倍於昔日的成就時，還能保持神智健全呢？

一・記得你做此事是因為你想做。沒有人拿槍抵著你的頭，強迫你開設這家公司，同時養兒育女。事情就是這樣發生了，以至於在你人生的黃金時代，約莫是二十五到三十五歲的年齡，你必須兩者兼顧。我們這麼多人到

經營祕訣

頭來都陷入這種瘋狂的處境，但是，一開始就必須擺脫這種烈士症候群。做此事是因為你想達成偉大的理想，因為你熱切想主宰自己的命運；因為你需要那種憑赤手空拳平地起高樓的衝勁。且讓我們面對現實：你真的想賺大錢。沒人會拱手奉送給你，一個子兒都不會，你必須拚命工作去賺，而且你必須有所犧牲。你大可守著你可靠的薪水，或把心力全部投注在孩子身上，但相反地，你卻四處奔走，設法取得訂單、銀行貸款或是次日要發的薪水，因為你要長期經營。日後你會得到遠超出自己想像的回報。請別誤解我的話，我不是說你的子女不重要，他們是生命中最重要的東西。可是生命不是一場零和遊戲，你在人生中從事其他事情，並不會抵消你對子女的付出。你有權決定此生的目標，作個抉擇然後促使它實現，為自己而做，縱使情況萬般艱難，絕對不要放棄。記住，你做這件事是因為你想做。

二・你不是超人或女超人，別費力做超出人力所能及的事。一天只有二十四小時，而你能完成的事就這麼多。開始訂定你人生的優先順序，至少在未來數年之內，略過所有對你來說無關緊要、可有可無的活動。例如週末

經營祕訣

電影（算了吧！你還得修飾你的經營計畫）、晚餐聚會（除非你的生意是瑪莎・史都華的翻版）、子女在托兒所的自製食物義賣園遊會、慈善活動、嗜好、與友人午餐聚會，現在，你應該大致有個譜了。放棄一些，是為了爭取更多。把你的生活焦點集中在一些你真正在乎的事情上，當然是你的新事業和你的子女。我沒說你絕對不能回頭去教主日學校，或自願參與所在地的女童軍團。我並非指這些活動都不值得參與，而是說，如果你過度勞累，你的事業成功會打折扣，你會筋疲力竭，而且變得不怎麼快樂。接受你並非超人或女超人的事實，以及此刻已為你的人生作了決定，然後據此前進。

三・切莫懷著罪惡感。根據我的經驗，大多數媽媽都覺得有罪惡感——不論她們出外或在家工作。如果你能從這種無用而且有害的情緒中自我解放出來，你的人生會更快樂，也會更有收穫，而你子女的生活也會如此。為了你生命中一件重要的大事，你錯過了一場活動，或延後兒子的生日派對，他會原諒你，關鍵在於，對你的行動要開誠佈公。坦白說出你做得到和做不到的，然後確定能遵守承諾。與你的子女分享你的願望和夢想，讓他們了解

經營祕訣

你工作如此辛勞的理由，並且能分享你的成就。這麼一來，他們會諒解你為什麼不能每場活動都出席。然後，讓自己休息片刻，切勿陷入罪惡感中，你必須訓練子女獨立生活，等到他們有自己的活動，不需要你參與時，他們也不會覺得有罪惡感。你或許沒辦法參加每一場校內活動，但謹記你正給予他們非常寶貴的東西——有夢想而且努力實現夢想的好榜樣，你的子女會以你為榮。

四・求助。你可能請不起一位全職的管家、廚師或褓姆。但相信我，你不可能事事包辦，你有更大的魚要煎，協助不是一種奢侈品，而是一種必要，重覆一次：協助是一種必要。我看過太多婦女覺得請幫手協助打理家務有罪惡感，因為他們覺得，打掃、清理浴室和全程照顧小孩是她們責無旁貸的道德義務，即使她們正開創或經營一家公司，或是出外工作。她們沒學會珍惜自己的時間，也未覺悟到，當她們花一、兩個小時做飯而不是訂購漢堡時，她們正從更重要的事情上抽出時間，而她們本可從事那些有助於推動事業的事。她們發現，自己做比找幫手容易，令人遺憾的結果是，不是她們把

經營祕訣

自己給逼瘋，就是她們的事業無法推展，或兩者皆然！假如你資金不足，你可能必須發揮創造力，並且像我一樣，可能得忍受二流的幫手，可是那總比從你的事業撥出寶貴時間，凡事自己動手來得好。請高中生的成本不高，而且他們精力充沛，如果你與母親的關係良好，不要自尊心作祟，打電話給她。邀請年長的姑母搬來與你同住，請她幫忙做飯，無論如何，尋求你需要的幫手，集中心力於你的事業。

五・善用時間。你的時間有限，必須一分鐘當兩分鐘來用，別耗時間在華而不實的事情上，你再也沒有時間那麼做了。例如，絕不要為子女班上自製烘焙食物義賣會做餅乾。你的孩子不會在乎巧克力蛋糕是你自己親手做的，還是向莎拉李（Sara Lee）公司或林丁（Ring Dings）公司買來的。烘焙比賽對那些比你有時間的母親來說，是有意義但奢侈的活動，這就是我所謂華而不實的活動。如果你想讓子女有新鮮感，一年一次或兩次，抽出一小時到學校跟班上同學聊聊，分享你的嗜好（你曾有過的嗜好），或談談你的事業（我的孩子很喜歡我這麼做）。這不需要很多時間，而且對你重視的

經營祕訣

人來說，是別具意義的時刻。我是指你的小孩，而不是指老師或其他家長，也不是你自己。別把你零星的時間花在家長會或教學計畫上，那需要更多時間，不是你此刻能提供的。如果一天下來發現還有額外的一小時可用，帶小孩出去走走，不要做派或全程自製的義大利麵。事實上，你花愈少時間做飯愈好，去麥當勞，用微波爐熱一下菜，在你母親住處用餐，做飯是婦女遭遇到最費時的挑戰之一。時間是你此時最寶貴的資產，不要輕易奉送。深思哪些任務或瑣事絕對需要你親手處理，然後只做那些事。例如，為小孩選購衣服，是我從不委託旁人代勞的一件事，因為我希望多少修飾一下小孩的外表，並訓練他們照顧自己。因此，一年兩回，每次將要換季時，我會帶他們三個去購物中心，花數百美元添購整季要穿的新衣。大量採購比不時缺帽子、少手套要好，也免得你女兒的假期計畫需要一件洋裝卻沒得穿，而且，你也可以將數小時的時間發揮最大的效用。協助孩子做功課，是另一項我覺得需要我或丹投注心力的任務，所以，我們每晚撥出一小時專心做此事。重點是，辨別重要的任務，然後抽出一定的時間，確定必能達成任務，但不至於干擾你一整天，然後，把其餘事項交代褓姆或你的任何幫手去做。

經營祕訣

六·循序安排你的生活，你的事業也會有條不紊。如果你不善於組織，試著那麼做，而且要快。拋開你昔日那種船到橋頭自然直、隨機應變的態度，你現在是在軍隊裡。如果你安排好日常的作息，你會有更多時間陪小孩，例如，我們全家人六點準時在家吃晚餐，一直被視為是神聖不可侵犯的約定，除非丹和我出差不在家，我們都會一起用餐。早餐也一樣，這需要花一番安排才辦得到，但一旦你建立起常規，就像每天呼氣吐氣一樣，人人都知道可預期什麼，極少有例外。此刻你或許無法安排這種特定的慣例，也許妳丈夫不是妳事業的夥伴，或者他值夜班，也可能你的事業需要你在晚餐時間出門，你必須研究出自己的時間表。如果你未建立一週的例行公事，讓一切有組織、可以預先得知，那麼你將無法瞬間召集軍隊。其他家務瑣事、義務和娛樂，也應以這樣的方式安排，每週二帶你的孩子去托兒所，花點時間與老師談談，早晨六點到六點二十分閱讀報紙，按時間表行事，你可以完成更多事情。

經營祕訣

七·經營你的婚姻。我忘了說嗎？你的配偶或伴侶，在你一生中的優先次序名列前茅，甚至可能是最高的。如果他或她不支持這項專案計畫，那麼我建議你，此刻就放棄。不論你的配偶是否參與你的事業，他仍是事業成功與否的關鍵角色，你們必須在過程中互相支持，而那絕非易事。切莫忽略你的伴侶，是的，這意謂著為他或她空出時間，但更重要的是，這意謂讓他或她成為你精神上的夥伴。與他分享你的思想、問題、成就、希望和失望，不要把他摒除在外，你將展開一趟高低起伏的雲霄飛車之旅，你會需要他許許多多情感上的支持，如果你希望他與你攜手走過，最好確定你也抱持相同的態度。

八·降低你管理家務事的標準。這方面我很幸運。蜘蛛網在家中各個角落聚集時，或後方爐上擺一個星期沒用的鍋子發了霉，倒不會深深困擾我。我向來不是家庭大掃除的狂熱份子，所以，我能把心力集中在事業上，而不會過度為清理住家的事分心。如果你發現自己晚上十一點還在打掃樓梯，只因為受不了地板上沾了一些塵垢，那麼用力把你自己給搖醒，這沒有

經營祕訣

那麼重要！你有更重要的事情需要操心，你正在建築一個王國。你認為，史蒂芬・傑伯發明蘋果個人電腦時，有沒有先把他的車庫打掃乾淨？絕對沒有！他沒時間做那種無關緊要的事，你也一樣。如果你的婆婆不高興，好吧，明年她可以在窗明几淨的家裡煮感恩節大餐。

九・對自己仁慈些。這可以指的是偶爾修修指甲，或晚上去看場電影（非常稀罕）。但我真正的意思是，當你錯過子女班上的話劇表演，而其他媽媽們都到場時，不要太苛責自己；或者，當你的事業未能飛黃騰達，而你開始質疑個人能力的時候；或者，當你家裡一團糟的時候，想一想你有膽識做其他人只能空談的事，而他們卻一輩子都在後悔沒能付諸實行。你挑戰自己的極限，當你未達到自己的期望時，不要苛責自己，好好自我勉勵一番，然後再出去嘗試一次，做你自己最強的支持者。如果連你都不相信自己，別人也一定不會相信你。

十・人生苦短，設法滿足自己的志向吧！

經營祕訣

本章摘要

- 記得你做此事是因為你想做。
- 別試著做超出人力所及的事。為你的人生訂出優先順序，略過可有可無的活動。
- 切莫因為沒能出席子女的活動而有罪惡感。抽空休息。
- 找幫手，你不能事事自己包辦。
- 善用時間。只做唯有你才能做的事，其他事委託他人。
- 安排你的生活。如果你訂出例行常規或時間表，你會有更多時間處理事業和陪伴家人。
- 經營你的婚姻。唯有伴侶支持你，你才能成功，不要把他或她摒除在外。
- 降低你管理家務事的標準，你有更重要的事情需要操心。
- 對自己仁慈些，你應該是自己最強有力的支持者。
- 人生苦短，享受生命。

第五章　蹣跚學步

對創業者而言，成功的果實固然甜美，且只有在逆境時才會發現，唯一可以依賴的卻只有自己。

之前我曾經說過，但現在再次強調：我的事業絕非在一夕之間成功。它像希臘神話中的西西弗斯，不斷將落下的岩石推向山頂，而非像伊卡勒斯那樣一飛沖天。當我剛動完手術時，心情跌落谷底。一開始那種以愉快的心態實驗每一件事，感受事業蓬勃發展的喜悅已不復存在，取而代之的是日復一日單調苦悶的工作。公司的業績已達巔峰，但利潤微薄，更別提有能力支付員工薪水。我的公司已成立三年，而我仍住在父母家的樓上，雖然我們已經搬到公寓三樓，二樓才是公司。我的存貨堆積在公司的天花板上，我們在一排排擁擠的衣服下面辛勤工作，我們說了好幾個月要重新裝潢，擴建公寓三樓，加蓋小閣樓，但我們沒有這筆預算。

在煩悶的心情下，丹決定親自動手施工。吃完晚飯後，他拿起一把很重的鎚頭，使勁把牆敲掉。就在此時，我們大聲鼓掌，但不久後，我們這項小小的工程在缺乏時間、預算，和完善的規劃下胎死腹中。我們每天的生活環境就像晚間新聞所報導的貝魯特戰場一樣，活動地板坑坑洞洞，任何人走過時都會掀起一陣灰塵，塵埃落在傢俱上，食物和頭髮上。喬希在灰塵和瓦礫中打滾，活像戰爭中的孤兒，然後他又將手伸進地板下的小洞裡，掏出各種戰利品，一轉眼就塞入口中。在這段時間我正從手術中逐漸恢復過來，體重只剩下八十五磅，連舉牛奶盒的力氣都沒有，更別提抱喬希了，我覺得自己真沒用。

現金流量主宰我的命運，沒有人願意貸款給我，但公司每成長一步馬上需要現金。我們每一次都要從銀行存款提領一萬元，做為事業發展之用。事實擺在眼前，沒有一家銀行會貸款給像我們這種企業。和我們關係最深的銀行給我的答覆是「如果妳的銀行帳戶裡有五萬元可做抵押，我們就借妳五萬元」。讓我直接了當重複他的話，如果我拿得出五萬元給你，你就會借給我五萬元，我覺得我選錯了行業。

我當時三十幾歲，時間似乎很緊迫。我的大學同學個個事業有成。我有一位大學室友在回家探望雙親時來電：她是位律師，擁有自己的辦公室，名利雙收。她實現了人生中所有的夢想，讓我嫉妒到想吐的地步。

「一切順利嗎？」我問她。

「噢！天哪！」她說：「我的上司要去競選市長了，我必須決定我是否要繼續與她共事，或換一位合夥人。」

「真不幸！」我的反應冷淡，似乎我隨時都在面臨類似的決擇一樣。

「讓我想想，」我說：「我認為妳應該以靜制動，現在的工作可以讓你賺更多錢。」為什麼我要給她較差的建議？我的事業是否如此低迷不振，以致我勸她放棄一個可以令她飛黃騰達的機會？我是不是害怕她的事業會讓我更加望塵莫及？

幸虧她換了話題。

「我媽媽寄給我一篇有關媽咪工房的報導。我的天哪！妳的事業一定很了不起。我有一個朋友在紐約的投資銀行上班，專門貸款給零售業，他曾經幫助許多家公司上市上櫃。」她對這個主意摩拳擦掌：「妳要不要和他談一談？找一天來紐約，我們與他共進午餐。」

聽到她的話我哭笑不得。她的話聽起來似乎這位投資銀行家會對我所謂的公司有興趣，我連個秘書都請不起，天哪！我甚至沒有一間辦公室，她讀到的報導出自一位我所認識的記者，當時他恰好需要一篇關於媽咪工房的稿子，因此她刻意杜撰一篇誇大不實的文章。能夠上「華爾街日報」和「早安美國」的日子早已離我遠去，我只不過奮力掙扎，維持一家年收入只在幾千元邊緣打轉的小型郵購公司。

當我試圖拒絕她的好意，同時維護自己的尊嚴時。喬希在我身旁的貝魯特街上爬來爬去找麻煩。他在離我二十公尺的地方停下來，將手伸進地板的洞裡，掏出一隻蟑螂，我開始以手勢暗示他我很生氣。

「不！」我大叫：「放下來！」

我知道我的身體虛弱，絕對無法及時衝到他身旁。

他抬起頭，微笑地看著我，突然將蟑螂放進嘴裡。

「芭芭拉，」我說：「等我有空再和妳討論此事好嗎？」

我不知道是什麼令我難過？是我認清了自己是個不稱職的母親，竟然無法阻止孩子吞蟑螂？還是我那令人氣餒的事業？眼看我的朋友個個功成名就，當快樂的雅痞族，而我卻一事無成。我獨坐了一段好長的時間，將手放在電話上，眼淚不聽使喚地奪眶而出。我暗自下定決心要賣掉我的公司，回到學校修法律學位。

我的郵購事業在前二年快速掘起，但到了第三年卻停滯不前，雖然我所做的每件事看起來都很正確。我在每年春秋季都會編新的型錄，更換內容。我在更多的刊物上登廣告，也找出那些廣告的效果較佳。我的貨源廣泛，我可以到紐約的時裝店購買孕婦裝，也可以自行研發套裝和洋裝，在費城製造。或許三年前看起來新鮮的行業現在已面臨困境。或許我不再好高騖遠，夢想有一天成為人人欽羨的富婆，我現在只想要一棟自己的房子。設計下一期的郵購型錄已成為機械化的工作，無法像當初設計第一期型錄時那麼愉快。我們在第三年的營收超過三十萬美元，但在扣除製衣成本、廣告費和雜費後所剩無幾。如果我們要讓這份事業起死回生，勢必要大刀闊斧改革一番不可。但是要維持每天的基本開銷就已讓我們累得人仰馬翻，沒有多餘的精力做全面性思考。雖然我們的財力不足，但我們依然決定聘雇人手來處理每天客戶的訂單。

這份工作很難找到適當的人選。一方面我們支付的薪水並不高；另一方面，我們需要一位全才，每件事都略知一二。他的學習能力必須很強，萬一華爾街日報來電採訪，他要應對得體。看起來大學是尋人的最佳場所。我們到離家不遠的傑佛遜大學，在公佈欄上貼了一張求職廣告。我們很幸運地找到一位合適的人選，麗娜・哈里斯。她的丈夫正在攻讀醫學院，她只能擔任兼職人員。她來自菲律賓，事實上，家裡原本就從事成衣買賣。

丹決定買一台較大的電腦以記錄每天的訂單資料與處理程序，同時記錄銷售金額與庫存數量，自動列印出貨單，並保存客戶資料。我們也希望追蹤廣告成效，判斷那些廣告賺錢，那些賠錢。到目前為止我們大約在十二種刊物上登廣告。我們將觸角延伸至所有我們認為職業婦女會閱讀的刊物。舉例來說，我們有許多客戶是律師，因此我們在美國律師協會期刊登廣告，效果不錯。然後我們又接洽會計師閱讀的會計期刊。我們也在所有以職業婦女為對象的雜誌上登廣告，例如上班女郎(Working Woman)、上班媽媽(Working Mother)和聰明女性雜誌(Savvy Magazine)。為了節省經費，所有廣告設計皆出於自家之手。我們找了一位美工高手來排版文字，又找了一家攝影社，拍出符合各種雜誌和報紙需求的照片。我們用「懷孕女性主管」當標題，在較大的廣告上則採用型錄上的圖片，通常是一件套裝。但我們真正需要的是電腦系統，追蹤每一份被索取的型錄。究竟是那一份廣告吸引客戶，那一份被索取的型錄最後成為訂單。藉由完整的分析，我們才能夠有效率地編列廣告預算，為公司創造利潤。

「如果我們想發展事業就必須跟得上科技的腳步。」丹說：「時間拖得越久，就越不容易換電腦。」

「可是我們買不起啊！」我說。

「貝卡，如果我們不換電腦，付出的代價會更大。你在殺死一條鱷魚的同時要放乾沼澤裡的水，否則你永遠無法杜絕後患。你會陷入更煩瑣的電腦作業，永遠不得超生。看看妳花了多少時間盤點存貨，統計出貨量，研究那一份廣告的效益較大。有一半的時間我們都拿不到所需的資料，如果我們買一部功能強的電腦，馬上就能知道結果。」

丹相信科技萬能。我知道他是對的，我們當然需要一部好的電腦。我們現在使用的個人電腦真是可憐，速度慢又沒用，它存在的唯一作用是給客戶錯覺，以為我們是一家專業的公司。但當我一想到我又要從個人帳戶中開一張支票，我便裹足不前。丹賣出電腦公司股份所得的錢已所剩無幾，我一直以為可以靠銀行存款渡日，那知存款一點一滴地消失。時間過得越久，我們二人同時面臨失業的危機也越大。一想到這裡我不禁戰慄，我每開出一張支票，就越陷入自己挖的無底洞，不可自拔。

丹找遍所有的郵購雜誌與電腦雜誌，最後終於尋獲一套適合郵購的軟硬體系統。研發這套系統的是一家位於俄亥俄州的公司，以郵購銷售腳踏車零件。他們自行研發一套電腦系統，因為功能優異，決定將這套系統賣給其他公司。我們看上這套系統的原因是這是一家小型的創投公司，和我們一樣，而且他們已經賣出二、三十套電腦系統，證明它的確管用。丹在電腦銷售上經驗豐富，可分辨那些公司誇大其詞。我們買的這套電腦螢幕有三個畫面，可發揮多重功能，它也預設了另外三個畫面的空間，以備將來之需。這套系統由一台小型電腦，而非個人電腦所驅動。

傑夫・懷特是這家公司的總裁，他親自前來安裝電腦。他看起來像嬉皮，年紀大約三十出頭，留著鬍子，身穿T恤及短褲。大部份的電腦系統——電腦代碼和其他技術方面——都是他親手發明的。我想他在公司一定是「老闆兼工友」，因為他一爬上樓梯，出現在我們二樓臨時搭建的公司就顯得非常搭調。他東張西望一番，然後問我：「電腦要放在哪裡？」

我環顧四周，才發現整棟公寓中連五平方公尺的空處都沒有。後面的整間房堆滿了一箱箱的郵購型錄和檔案夾，還有丹的書桌。中間的「客廳」是屬於麗娜的，加上一個吃午飯的小餐桌。前面是我的辦公室，存貨放在可移動的矮架上，塞滿了辦公室的每個角落。每當我們的空間不夠用時，丹便會在天花板上架設一條金屬管，用來懸掛存貨。天花板有十二尺高，我們可以在存貨下面走路。當公司越來越大時，我們就在天花板上塞入更多衣服，看起來就像衣服飄浮在空中(塞滿衣服的塑膠袋有極佳的吸音效果，因此我們的辦公室像裝了消音器，鴉雀無聲)。當客戶來電訂貨時，我們便從天花板的存貨中找出衣服款式，再檢視標籤，看有沒有客人的尺寸。我們在掃把末端裝上倒勾，好勾出客人的衣服。

每星期我們都作出一張很大的電腦試算表，依尺寸大小記錄所有衣服款式的數量，同時預估當週和當月的銷售件數，然後我們在屋內東奔西跑，實際數算所有款式的存量有多少，因為我們一不小心就容易加錯，亂了頭緒。我們剛創業時所用的存貨系統太過簡單，很快便不敷使用。由於丹對於電腦功能的重視，使得我們跟得上科技的腳步，可以應付不同階段的業績成長，不必在事後手忙腳亂，這使我們佔了獨特的優勢。隨著貨品製造及零售業績的成長，科技提昇了我們在各方面的進步。

傑夫想到解決電腦空間的辦法。在整個公寓中浴室是唯一尚未被充分利用的地方。浴缸的位置成了放置電腦的地方。丹在浴缸上放了一塊木板，讓傑夫將電腦裝在上面。他們在浴室的牆上鑿了幾個洞，傑夫在屋內裝滿線路。三個房間各有一台電腦，中央的房間多加了三條線路，以便將來增加電腦。傑夫花了兩天的時間將電腦正式上線，然後教我們如何操作電腦。他和我們在一起的三、四天中幾乎沒有闔過眼，越到後來，他眼中的血絲也越多。

我們輪流將資料輸入電腦，我們要輸入客戶的姓名、地址、各種款式衣服的庫存量、前一個月或最近一次客戶的訂單。要輸入這麼多資料真是折騰人，第一天晚上我和媽媽一直工作到半夜，但是當我們大功告成之際，收穫真是豐碩。

當傑夫離去之時，我們已經全部電腦化了。麗娜可以在一台電腦接受客戶的訂貨，媽媽可以在另一台電腦登入客戶索取型錄的資料，我可以在第三台電腦列印出貨單，並處理出貨事宜。我們每個人都必須適應傑夫的電腦軟體，因為我們買的是一套現成的系統，而非專為公司設計的系統。但我們很慶幸可以像以前一樣很快適應。在接下來的幾個月中，我們平均每天和傑夫通三次電話，學習新系統所有複雜的功能。

在動完背部手術之後，我被限制活動在辦公室六個月。我爸爸忙著找裁縫師簽約，丹負責其他雜事，從攝影、印刷新型錄，到郵局取回訂單，無所不包。我則被指定為「內勤人員」，就是在這段時間我才有小小的機會成為財務專家。我以往在學校和短暫的職場生涯中接觸過藝術、建築、工程。我的數字概念很強，但從未涉獵會計或企管。我急須修財務和會計速成班，好為公司管理帳目。丹拿他以前在哈佛大學商學院用的會計練習簿給我。我從上面學到借方和貸方是什麼。晚上他教我會計概念，例如不固定支出和固定支出、毛利和淨利，這些觀念對我來說就像象形文字一樣陌生。我從最基礎學起，但我喜歡學習新的語言。後來我一直擔任公司的財務長，直到公司的規模大到要聘請專人為止。

朋友芭芭拉的那通電話讓我產生將公司賣掉的念頭。如果芭芭拉認為媽咪工房是一家不錯的公司，或許她身為投資銀行家的朋友可以幫我們賣掉它。我不免感到自己是個言行不一的偽君子，因為我的信念一向是「絕不放棄」！可是如今我不但想，也早就準備好，恨不得早日放棄。丹反對我的想法，他認為公司還沒有轉虧為盈，要賣出公司只是一廂情願的想法。我認為我們可以廉價出售，讓別人來扭轉頹勢。但丹認為他投注的不單只是金錢而已，他相信這家公司的遠景。他認為只要我們再努力一點，就可以突破瓶頸，進入下一個階段。

我可以怪自己身體不好，但我似乎真的沒有精力再試下去。我多麼盼望有份成功的事業，但我是否真的願意付出代價？媽媽從前告訴我：「如果創業這麼容易，每個人都能成功。」但她沒有告訴我創業是如此艱難。對創業者來說，如果公司一步步向前邁進，無往不利，一切辛苦都是值得的，你會樂此不疲。只有在逆境時你才發現唯一可以依賴的人就是自己。不管你從任何企業創業的角度來看，總是比較容易羨慕別人。在自我依賴的過程中才能培養獨立的精神，但儘管有丹在一旁幫助我，我仍然不確定是否還能支撐下去。

我找到了一位企業交易商(是的，從工商分類電話簿中)。我約他出來，將媽咪工房列入「出售名單」中，我告訴自己把它當成一種實驗。你一定不會驚訝我們的要求石沈大海。當你的公司營運不佳，想要賣掉它時，沒有買主會上門。當你努力不懈，讓公司賺錢時，電話卻源源不斷。但此時你不會再想賣掉公司，因為妳已看出公司的價值和前景。當你不確定公司的前途時，你只能咬緊牙關、奮戰不懈，充分運用每一份資源直到公司破繭而出。你不能一直坐著等待好運上門，你必須自己主動創造機會。

報章雜誌上經常可見一些連續三、四，甚至五年獲利不佳的公司，一夕之間成為人人羨慕的大公司。舉例來說，ASK電腦程式設計公司的創始人，珊卓拉・克西格(Sandra Kurtzig)一開始在她家中創業以便照顧小孩。她在開業後第四年機會來臨，她的電腦程式被惠普電腦公司(Hewlett Packer)相中，用在小型電腦上，最後ASK成為價值四億美元的大公司。

有些時候大事業來自小機會，隨著時間慢慢發展成熟。有一天早上我們接到一通來自傑克・何斯比(Jack Hornsby)的電話，機會就是從這裡開始的。傑克是一位休士頓的裁縫師，想找機會擴展事業。他在一家大型的購物中心開西服店，欲跨入女套裝的行業。我們要記得，在八〇年代初期，讓女性看起來像男性的套裝才是流行焦點。不管如何，傑克每年總會到紐約一、兩次添購布料，並參加裁縫師協會舉辦的年會。有一次他出差時和一位布料行的業務員提起他想打入女套裝市場。過了不久話題便轉到媽咪工房，因為這位業務員最近才賣給我們一些灰色的西裝布。傑克完全了解如何製造看起來像男裝的孕婦裝，他的許多客戶都有此需求！他正在找新的產品線，以拓展事業。在天時地利的配合下，新的商業機會誕生了。他很快便出現在我們二樓的公司。我們一邊從天花板勾下衣服供他檢視，一邊討論如何在他的「何斯比訂製西服店」(Hornsby Custom Clothes)內賣媽咪工房的孕婦套裝。

我們達成了協議：傑克以郵購型錄價格的五折向我們購買套裝。他第一次就下了一張大訂單，好在店內展示琳瑯滿目的服裝款式。之後他可以隨時訂貨，不限數量，以補足存貨。我們將他的商店視為一般的郵購客戶，輸入電腦存檔，給予他批發價。他的訂單隨著別人的訂單一起處理，一同出貨，唯一不同之處是他享有五折的優待。我們不預先收他任何訂金，他亦不保證未來會繼續訂貨。這是一個自由公開的市場，只要我們雙方合作愉快，客戶上門購買產品，我們的關係就可以繼續維持下去。

我們花了不到一個小時便談妥生意，雙方以握手結束會談。後來我們請律師擬定一份「配銷商協議書」，內容只是重述我們口頭約定的要點。我發現如果一開始雙方有足夠的誠意搭配，就會合作愉快，生意也會一路順暢。法律文件只不過在重申雙方合作的意願。可惜市場變化難以預料，所以你一定要請律師審慎思考，萬一生意失敗，或雙方合作關係破裂的時候，在最糟糕的情況下，你的權益仍然受到保護，但不要讓負面思想主宰合約的主要內容。

傑克的訂單是我們有史以來接過最大的訂單，他幾乎買了一百件孕婦套裝，而且未來的遠景看俏。這是我們第一次和零售商接洽，誰知道未來的發展會是如何？

就在此時，我們面臨生產衣服的挑戰。很幸運地我們有足夠的存貨可供應傑克的第一張訂單，但這讓我們的存貨很快見底。第二，我們必須找出節省成本的製衣方法。因為我們的毛利(售價與產品製造成本之間的差)在傑克的訂單上減少了一半，通常大量製造可以降低成本，因此我們希望這個問題會自動消失。

在此刻之前，我們已經設計出種類繁多的孕婦裝，刊登在郵購型錄上。我們也製造出為數可觀的洋裝和襯衫。一開始我們抄襲紐約時裝店的衣服，後來我們開始自行「設計」新的款式。我先去服飾店買一件容易修改為孕婦裝的洋裝，再請設計師設計樣本，接著去找布料。我有一打以上的布商，每人賣給我少量的布（不到十碼）。伯靈頓布店有上好的羊毛料。還有一些布店的業務員在皮箱中攜帶各種可作洋裝和襯衫的布料樣本。我們如何找到這些人呢?反覆試驗和電話查詢是我們的不二法門。我們很慶幸費城在成衣製造上有著光輝的歷史。我們可以輕易找到布店的業務員、鈕扣製造商、針線供應商、縫紉師，全部在工商分類電話簿裡一網打盡!我們甚至發現一家不起眼的小公司，專門製造和衣服同一花色的鈕扣。你只要給他們幾碼布和快克紐扣公司(Quaker Button Company)特製的塑膠鈕扣，他們就可用一種精巧的機器在布上打出圓形，再用另一台小機器將圓形布覆蓋在塑膠鈕扣上，然後就可以做出和你的襯衫或洋裝同一花色的鈕扣。

事情當然不是一帆風順。我們第一次製造衣服樣本的經驗真是慘不忍睹。我們在第一期的型錄上有一件基本樣式的碎花布襯衫。這件襯衫是第一期郵購型錄的暢銷品，但當我們想訂購更多這種樣式的襯衫時，才發現廠商已經不再生產這種衣服。我當時馬上決定自力救濟，製做一件襯衫會有多難？丹負責找布。有一天他到紐約去拜訪幾家布料公司，最後在丹河公司(Dan River)找到了很棒的碎花布料。但問題是他最少要訂五千碼布，以一件襯衫只消耗一碼半的布料來說，我們要做三千三百件襯衫才用得完五千碼布。我們實際上只需要一百件襯衫，這對我們來說已是極大的壓力。

丹的眼光放得很遠：「照公司成長的速度來看，我們有一天會要用到這麼多布的。」

「可是我們買不起啊！」我說。

更別提我們沒有空間可以擺這些布。在這段期間，我在本地的紡織學院找到一名學生，她說她會做衣服樣本。有一天晚上我們開車到她在費城東北部的家，交給她一件碎花布襯衫當模範。一星期之後我們回來拿樣本，她索價四十五美元。我們又找到一個裁縫師，店內有幾個剪裁桌，他答應做一百件襯衫，每件要價九元。他願意做數量這麼少的衣服真是幫了我們一個天大的忙。我們的責任是提供布料、鈕扣、標籤和「紙模」。

「什麼是紙模？」我問他。

他望著天空，大概在問上帝為什麼剛剛會跟一個白痴打交道。

「紙模是一張長長的紙，上面畫著衣服樣式。你將布料堆高，再將紙模放在最上面，然後照著紙模剪裁布料。」

笨蛋，為什麼我不早點知道？「如果我給你衣服樣本，你可以幫我做一個紙模嗎？」我親切地問他。

「這會產生額外的費用，我需要一件衣服樣本才能開始。」

我給他原先已經複製過的衣服。我知道沒有試穿是干冒大險，但我找不到人做樣本。我不知道從何下手。我的手中有好幾張未交貨的訂單，我需要立刻做好衣服，我以為樣本一定會和我們原先的衣服一樣。

最後還有一件事。

「我們會將布料運到你的工廠，」我說：「最後可能還會剩下一點點布。」

「還會剩多少？」他以懷疑的眼光看著我：「你只需要一百五十碼。」

「幾千碼。」我輕聲回答。

他又仰天長嘯，搖搖頭說：「那會增加你的費用。」

二週後，我和丹開車回去拿那一百件襯衫，將它們塞進車廂。回家後，我們用雙手將衣服抱上樓，來來回回共走了五、六趟。丹已經在天花板加設兩條導管。這些襯衫看起來很漂亮。這種款式的襯衫是我懷喬希時穿的。我望著美麗的衣服，迫不及待拿起一件襯衫來穿。我拿起十四號襯衫，套過頭，將我的手臂伸過袖子，但手腕穿不過。我看著袖口，一切看起來都很正常，但我的手就是穿不過。我將袖子的紐扣解開，將手穿過去，再試著扣上鈕扣，但就是不行。我無法扣上扣子，袖子的寬度短了一寸。丹趕緊抽出幾件襯衫，檢查袖口尺寸，每一件都太緊了！我連十四號衣服的袖口都穿不過，衣服樣本是錯的。

我和丹互相對望，我方寸大亂。我手上有十八張未交貨的訂單，客戶在等待貨品，但我們無論如何絕不能將袖口有瑕疵的襯衫寄出去。幸好我們還有四千八百五十碼的布可以應急。我打電話給裁縫師討論如何處理這件事，我早知道他會躊躇不前，然後開口向我索取額外的費用。

「衣服樣本是誰做的？」他說：「你最好找一個內行的樣本製作者，如果衣服的尺寸不合，你未戰先輸。」他的語氣很誠懇，卻為我上了最寶貴的一課。這是最後一次我找學生製做衣服樣本，也是最後一次未經試穿就匆忙拿樣本來做衣服。

最後我們終於將袖口的問題解決了。我必須花錢請裁縫師將每一件衣服的袖口拆開、重製、縫合。我失去了一半的訂單，因為客戶等得不耐煩。在這一連串「額外」的費用之後，我的利潤寥寥無幾。但我又百尺竿頭，更進一步，我付出了昂貴的學費，但學到了寶貴的功課。

在傑克·何斯比成為我們的搭擋之前，我們在成衣製造的知識上突飛猛進，但我們的成衣數量太少，對裁縫師來說簡直微不足道。我們必須增加銷售量，才有辦法一次下數百件衣服的訂單。要「製做」低於五十件的女裝簡直是天方夜譚。一百件女裝甚至都算少的。在傑克來電之前我們已經準備周詳。我們現在估計銷售量會上揚，因此製做更多的衣服，也投入更多的金錢以預備足夠的庫存。你的生意做得越大，需要的現金也更多。傑克的孕婦裝生意經營得有聲有色，超過我們的預期。我飛到休士頓參加他的新店開幕典禮。傑克邀請休士頓郵報來做採訪，當地的一家電視台在夜間新聞播出了三十秒的消息，休士頓的婦女顯然需要我們的產品。

我和丹認真思考在其他城市發展零售業的可行性。事實擺在眼前，郵購永遠無法成長到足以讓我們賺錢的地步。以郵購賣孕婦裝最基本的缺陷是客戶只是短時的。吸引新郵購客戶的成本太高，你必須花很多錢登廣告或租用顧客名單。因此你必須懂得如何讓客戶重複購買。郵購公司最珍貴的資產便是客戶名單。包括L. L. Bean和J. Crew這些公司不斷銷售產品給老客戶以節省行銷成本。但這種觀念完全不適用在孕婦身上，一但生產之後，她就再也不是你的客戶了，因此我們必須不斷花錢尋找新的客戶。最糟糕的是孕婦裝的廣告效益真是低得可憐，紐約客雜誌四分之一頁的廣告費用高達一萬美元，但只有不到百分之一的讀者是潛在客戶。市面上沒有一本雜誌是針對懷孕的職業婦女所設計的，因此我們的廣告效果奇差，每一張索取型錄的廣告回函成本高得嚇人。最後一點是大部份的孕婦都不是郵購客戶，她們喜歡在店內試穿衣服，再決定是否購買。

我知道我們沒有足夠的錢開店，我們也不想將孕婦裝批發給其他賣孕婦裝的店。我們希望掌握銷售的環境，我們認為最理想的店名就是媽咪工房，我們決定授權讓別人經銷我們的產品，但我們對經銷事業的運作方式一無所知。我們在孕婦雜誌(Maternity Matters)上刊登一則小廣告，誠徵對媽咪工房有興趣的經銷商，歡迎他們來洽詢。我打電話給律師朋友芭芭拉，請她推荐一位精通經銷權的律師，然後我們靜心等待別人回覆廣告。

沒有人一開始做生意就踏出正確的第一步。我起初的想法是花五元買進孕婦裝，再以郵購價十元賣出。現在我親自生產衣服，不向別人購買，才發現郵購有先天上的缺點。我不能百分之百確定授權給經銷商是最佳途徑，但做生意就是要不斷往前衝。你可以拼命研究問題直到臉色發青，但如果你不採取行動，註定要失敗。

我們可能到頭來發現授權給經銷商並非盡善盡美，但在眼前這個節骨眼，它正在向我們招手，要我們放手一試，迎接美好的前程。

經營祕訣

熟悉所有經營上的工作——現金流量、信用貸款、公關宣傳、電腦科技、稅務等事宜

是的，你創業了！你有了點子，有了產品，你吸引了顧客上門。在忙碌開業之後，你為每天基本的作業打下基礎。讓我告訴你如何渡過每天單調的日子，這是令許多人迷惘之處，因為它既困難又吃力不討好，但你必須好好掌握這個部份，以迎接光明的未來。

現金流量

首先你的手上一定要保持充裕的現金，這是一條鐵律。除非你還在戰場上，否則你無法獲勝，但是缺乏現金你就會被一腳踢開，沒有人會借你錢。你必須發揮創意籌足現金。轉虧為盈是好的開始。記得你做每件事的目的都是為了賺錢。我見過太多的創業者對產品、創業過程、員工充滿熱忱，但忽略了他們當初創業的目的。連續多月虧損累累是令人無法接受的事情。改變

經營祕訣

你的銷售方式或解雇部份員工，想辦法來賺錢。

記得現金流量和獲利是兩件截然不同的事。你不但需要創造利潤，更重要的是手上要取得現金。你可能接到堆積如山的訂單，你的會計師也許會告訴你賺翻了，但是如果你不能在支付銷貨費用之前就收到錢，你不會握有現金。現金流量是新公司的命脈，以下是幾則增加現金流量的秘訣：

以賒帳方式採購物品．這一點看起來很簡單，但我花了一點功夫才認清廠商可以讓我賒帳。公司文具、布料、保險、廣告，任何你想得到的東西，隨時嘗試以市場上最普遍的付款方式為標準，先購買後付款。一般商店可接受顧客在三十天內付款。當你下訂單時，也就是洽談付款方式最好的時機。如果廠商對賒帳猶豫不決，不要輕言放棄，另外訂出開會日期，向他們說明你的財務狀況和未來的發展計畫。舉例來說，如果他們知道你在不久後會接到一筆大生意，使銷售量激增，他們會提高讓你遲延付款的意願。

在可能的範圍內，不要讓客戶遲延付款．更高明的作法是要求客戶先

經營祕訣

付訂金。「先收錢後出貨」意指在你將貨品送到客戶手上之前就要求他們付款，堅持你的原則！你可以依照行業性質想出有創意的點子。如果你不得不先出貨後收款，你需要投注大量的精力在催收帳款上。你的職員必須記錄所有客戶積欠的款項，再定期打電話給客戶催款(如果你剛開始營業，催收員可能就是你自己)。你的客戶手上有錢，儘早去收錢吧！

設備器材用租的，不要用買的。長期下來租借的花費較高，但以短期而言，可以幫你省下不少現金。舉例來說，如果你以現金購買一台新的影印機，價格是兩千五百美元，你必須一次付清。如果你租一台影印機，每月的租金只要八十三元五分，包括百分之二的利息在內。三年下來你的租金總共是兩千九百八十九元八角，顯然高於兩千五百元的現金。但你不需要第一天開業就付出兩千五百元，而可以將錢花在別的方面：購買存貨，雇用員工或投資在你的事業上。二、三年後隨著你的事業蒸蒸日上，收入逐年提高，一個月八十三元五角的租金負擔就輕鬆許多了。汽車、辦公文具等器材——在可能的範圍內，儘量用租的。

經營祕訣

不要找顧問公司・　首先，你請不起專業顧問。不要花錢請顧問來告訴你如何賺錢，替你做市場調查，找人投資或銷售其他競爭力較弱的產品。讓公司賺錢，做市場調查，找投資人都是你的工作。當你的事業剛起步時，所有的雜事，加上千奇百怪節省開銷的方式，和新的賺錢機會都在瞬間出現。你要親自參與才能做出回應，創造新的機會。顧問公司只會告訴你理論，不管他們給你新的啓發或老生常談，他們都不會在每天的事務上助你一臂之力，而每天固定的工作是決定你事業存活與否的關鍵。

致力發展媒體關係與公關・　如果你的公司賣的是日用品，口碑是無價之寶。上了當地報紙的生活版相當於登了昂貴的廣告，這不但為你的公司打開知名度，也和媒體建立良好的關係，讓你受用無窮。公關的另一個好處是幫助你籌募資金。當你到銀行申請創業貸款時，最好將報紙的報導和其他文件放在信封內，交給銀行。小公司通常無力雇用公關公司，你要一肩扛起大部份的公關工作。

經營祕訣

和媒體建立關係的首要原則是創造足夠的「新聞性」。報社主編和記者要讓報紙暢銷，因此他們需要引人入勝的故事。他們不要看一篇介紹你產品有多好的枯燥文章，他們要趣味雋永，令人回味的創業軼事，或是經由你居住城市有幾對雙胞胎的調查數字，促使你發明雙胞胎嬰兒車的報導。不要浪費時間和金錢寄給媒體你新出版的郵購型錄，除非它有新聞價值。

發佈新聞稿是你和媒體溝通的最佳方式。新聞稿的長度應該保持在一頁之內，如果稿子超過一頁，開頭應該有一頁簡短的序言。新聞稿的標題要能夠吸引主編的注意力。如果你成立一家新公司以滿足客戶獨特的需求，單單這一點就足以形成強有力的新聞稿。如果你沒有什麼新鮮事，試著挖掘新的題材。舉例而言，問卷調查永遠可以滿足媒體的需要。自己去做問卷調查，然後發表結果，你可以調查顧客的購買習慣，人口分佈情形或他們的想法。「根據我們最新的問卷調查，第一次生產的媽媽花了百分之六十五的時間在撫育小孩，這和十年前的情形完全相反。」或是「根據瑪麗茶葉公司對五千位消費者所做的問卷調查，發現全國在二十五歲以下的消費者，喜歡喝茶的人比喜歡喝咖啡的人高出百分之四十三，這對美國咖啡業的未來會造成多大

經營祕訣

的衝擊？」不論你發佈什麼新聞稿，記得一定要有新聞價值，先試問自己：「我會不會讀這則新聞？」

將你的新聞稿寄給你能想到所有的本地媒體。你可以直截了當購買合適的雜誌或報紙，然後將新聞稿寄給你認為會對文章主題有興趣的主編。在信封上面寫下你的姓名，最好用手寫的方式。用快遞將你的新聞稿送到最重要的媒體手上，讓人感到它的急迫性，並讓你與衆不同。再以電話追蹤，主動提出增加新聞的要求或回答任何問題。你不一定能接通電話，但你會驚訝有多少記者和主編親自接電話，也不要忽略本地電視台和談話性節目。

炒作新聞很花時間，但只要成功出擊一次就值回票價。新聞有加乘效果，一但你旗開得勝，名聲就會像滾雪球般越來越大，一則刊登在當地小報的新聞也許會被大報或知名雜誌社發掘。時機在新聞界佔著重要的地位。主編或許喜歡你的報導，但眼前沒有空檔，你要持續發掘新的消息，或從新的角度來創造題材，你的努力遲早會帶來轉機。

誠實納稅，按時更換執照。你不但要負擔沉重的政府規費，也要經過

經營祕訣

各種繁文縟節，填寫表格，付各種費用，這真會讓你抓狂，但你一定要辦好所有繁瑣的手續，付清各項費用——薪資所得稅、營業稅、申請營業執照費用、商業特許權稅額、大樓管理費……等等。你大概需要找會計師好好談一談，問清楚所有該支付的款項，分文不差地繳清。你或許會想，你不需要了解所有的稅務與手續費，但請你相信我，有一天它們會主動找上門，到那時候你還要繳滯納金、罰鍰、利息，甚至其他令人更不愉快的費用。不該省的開銷不必省，如果你陷入財務困境，想辦法減少一家廠商，但千萬不要遲延繳付薪資所得稅，你不可能在獄中還有生意可做。

賣你從來沒有賣過的東西，例如你的自創品牌，授權給賣類似產品的公司，提供服務，發表演說，當別人的顧問（針對沒有讀過這本書的人），授權經銷商，或是和大公司發展合作關係，他們有的是資金，而你有的是創業的那股動力，這兩者是最完美的搭配。

聘雇和解雇員工

經營祕訣

創業者常都以不善管人出名，他們往往一手包辦大小事情；他們的脾氣不好，又缺乏耐性；他們不注重人際關係，只在乎事情的結果；他們的財力不足，無法與提供員工高薪和優厚福利的大公司相提並論。但如果你希望公司成長，就必需吸引有才幹的員工。

記住，你確實擁有大公司所不能提供的誘因：挑戰和機會。你喜歡的那些有衝勁、有創意的人才無法在成長趨緩的成熟型公司裡施展抱負。你希望網羅的卓越人才重視腳步快速的環境和無限的機會。學習去宣揚公司的優點，當你在面試應徵者時，大力推崇你的公司，表達你的熱忱與對未來的憧憬。

你可以給員工的另一項禮物是彈性。我可以吸引許多為了種種原因而不適應朝九晚五生活的人。這些人包括需要彈性上班時間的年輕媽媽，缺乏工作經驗又無法在正常時間上班，但精力旺盛的學生。有時候還包括一些在履歷表上並不突出的人，例如英文不流利的新移民，或無法被美國主流社會接受的殘障人士。新公司的好處之一是老闆注重成效，我的公司總是能聚集許多不同國籍、不同背景的人。他們皆能發揮所長，在一家腳步快速，不受限

經營祕訣

制的公司裡成長茁壯。

當你的公司一步步成長時，你需要不同性質的員工。可嘆的是，當你的公司逐漸擴充，建立組織架構及各種規定時，原來在五人小公司表現傑出的員工不見得開心，生產力也不見得隨之提高，到一定的時候他會離開或被你開除。這對你們兩個人來說未嘗不是一件好事，不要傷心，再接再勵。在事業的每個階段，你都要察覺公司的需要為何，為整體利益做出最正確的決定。

絕不要雇用秘書或助理，除非妳要有氣派的辦公室來襯托你的服務，讓客戶一走進來就產生好印象，而且需要有人為大量的專業報告打字，否則有了語音信箱和價格低廉的個人電腦，你不需要助理，他們只會為你增加公司內部的文件和繁文縟節。我的公司今天已經是收入高達三億元的大企業，但仍然沒有一位秘書，我們每個人都自己打信件或公司的內部文件（這讓打字工作降到最低），也親自接聽電話，不假他人之手。

電腦系統和先進科技

經營祕訣

在電腦系統和科技器材方面，是絕對有投資價值的，但你要小心投資在「適合」的設備上。舉例來說，如果你只有一家店，不必買一套複雜的存貨管理系統，但如果你有了三家店，就可以考慮如此做。要知道你的投資什麼時候才有回報是件很困難的事，唯獨電腦設備是可以破例的，如果你不是電腦專家，則聘請顧問來幫助你，你需要別人的意見以決定要買哪一種電腦系統。想到你要付出的時間、精力和金錢，你最好確定這套系統符合妳的需求。想想你一年要付給員工多少薪水——一萬五千美元？二萬美元？再想想如果你有了合適的電腦系統，就不必雇用這些人了，這種數學邏輯也可以用在企業的其他範疇上。語音系統、自動化生產系統，和其他科技器材會提昇工作效率。通常你可以租用這些設備器材，這對你的現金流量會有幫助。

會計師和律師

我建議你儘早找到好的會計師和律師。第一次我請別人檢查我的會計帳目時才發現我的錯誤百出。實際上我賺的錢比所知的更多。當你申請銀行貸款時，你當然希望展示公司過去的獲利記錄。你的會計師也會幫你算清楚你

經營秘訣

有多少的稅款及手續費要付。

你也希望有一位律師審閱你主要合約的內容及其他的法律文件。雖然未必要執著於此，但你只要花一點小錢就可以免除將來的痛苦。如果你的事業律師相信你的事業展望極佳，他們或許會在前幾年給你一些優惠，寄望與你建立良好的關係，與你一同邁向成功之路。我曾經發股票給早期合作的一位律師做為兩年的律師費用。

無庸置疑的是，要找到好的會計師、律師或其他專業人士的最佳途徑，是透過別人介紹。問問你身邊的朋友。約談專業顧問的其他客戶，看看他們的滿意度如何。我有一回在談判過程中發掘一位出色的律師，他在交易談判中代表另一方，我們覺得他盡心盡力，口若懸河，表現突出，後來我們解聘了原先的律師，聘請他擔任我們的律師(在交易完成之後)。

人們說上帝事必躬親。在成立新公司時，如果你不善加安排每一個細節，註定要承受失敗的命運。你會被每一件小事弄得焦頭爛額，因為沒有人可以為你分憂解勞。每一分被浪費的錢都是你口袋裡的錢，沒有人會注意到有人將鉛筆帶回家，也沒有人會發現開新店時，由於你無暇比價找到最便宜

經營祕訣

的承包商，而讓公司損失了一些錢。創業維艱，每項細節都很重要，且操縱在你手裡，不要花光所有的現金，也不要失去耐心。好日子不遠了！

本章摘要

- 現金流量是新公司的命脈。
- 儘量用賒帳的方式採購，先購買後付款。
- 在可能的範圍內，不要讓客戶遲延付款，先收款後出貨。
- 租用設備器材，不要用買的，雖然租金長時間下來會高於售價。
- 口碑是無價之寶，新聞有加乘效果。
- 不要遲延繳付薪資所得稅，或其他稅金及手續費，這會讓你遭到歇業的下場。
- 快速成長的公司需要有才幹的員工，給他們機會與彈性，取代他們追求高薪的慾望。
- 電腦和科技會幫助你更有效率地經營公司。
- 儘早聘請會計師和律師。
- 上帝事必躬親——在新創立的公司，如果你不善加安排每項細節，註定會失敗。

第六章　以經銷權邁開大步

如果想在競爭者加入之前鞏固市場，及早達到營收目標，授權經銷是加速成長的不二法門，但其中仍有許多的經營陷阱。

梅莉・葛史密斯看了廣告後和我們聯絡，她想在紐約開第一家媽咪工房經銷店，而她也是不二人選。她從前在聯邦百貨公司(Federated Department Stores)擔任採購，因為表現優異而快速升遷，但她厭倦了朝九晚五的生活方式，打算開一家自己的服裝店。她的丈夫麥克，在曼哈頓地區以買賣房地產白手起家。他們不但財力雄厚，也有那股冒險犯難的創業精神。梅莉在流行服飾與零售業上的知識遠超過我，我覺得我們才應該付錢給她，感謝她開第一家經銷店。她曾仔細研究過曼哈頓的高級服裝店，知道再開一家女裝店無異是飛蛾撲火。要在滿街的女裝店裡異軍突起，孕婦裝值得一試。就在此時，她看到了我們在孕婦雜誌上所登的廣告，決定打電話來洽詢。

梅莉和麥克在週末搭火車來找我們，第一眼看到她，我就知道會和她合作愉快。她的年齡與我相仿，穿著一身黑色的衣服，十足的紐約客模樣，她因為神經性抽搐而頻頻眨眼，我視此為強烈的工作慾望。我們到母親在一樓培育的溫室，坐下來交談，很快便達成協議。媽媽端上一盤巧克力餅乾，並將愛瑟克與喬希帶開，以免影響我們談話。

在此之前，我們的存貨已經多到要放到母親公寓地下室的臥房中（以前是我的臥房）。存貨像四處蔓延的葡萄藤，慢慢佔據了整座屋子。我原來臥房內的所有傢俱均被推到牆壁四週，床角豎起來以便騰出更多空間。我們將架子推進房間，上面堆滿了衣服，將房間擠得像沙丁魚一樣。我們陪麥克和梅莉參觀整間屋子，展示不同款式的衣服給他們看。梅莉非常興奮，蠢蠢欲動。

經銷權的觀念基本上和我們與傑克・何斯比所達成的協議差不多。我們讓梅莉以郵購價格的五折來訂購媽咪工房的衣服，再拿到店內銷售。我們授權她使用媽咪工房這個店名，也讓她在特定的地區內，即紐約市，擁有獨家的權利銷售媽咪工房孕婦裝。我們也給予她將來到紐約州、康乃狄克州和北紐澤西州開設新店的權利，而她則提撥營業額的百分之一點五給我們當做權利金。律師告訴我一般的權利金比例，從百分之一到百分之十不等，由於我們是第一次嘗試，為了感謝梅莉願意下這麼大的賭注，我們決定只收她微量的權利金。但我們皆同意一但她的營業額超過五十萬，超過的部份收取百分之二點五的權利金。如果奇蹟發生，她的營業額超過一百萬，超過的部份則收取百分之三點五的權利金。

我們一致認為梅莉的店應該座落在上班婦女最常光顧的曼哈頓中央，但我們擔心昂貴的租金會吞噬掉我們的收入。在曼哈頓一帶，僅僅一千平方公尺的空間，一年的租金就高達三十萬或四十萬美元。

「孕婦裝是會讓顧客刻意前來購置的商品，」丹說：「不論你的商店開在樓上或一樓大廳的後面，顧客都會自動找上門，只要你的店離她們上班的地點不遠。我認為你無需到熱鬧的街上開店，付昂貴的租金。我們的商品獨樹一幟，別的地方買不到。」

麥克是談判高手。「你怎麼知道我們的客人不會直接從郵購型錄訂貨？妳還會寄郵購型錄給梅莉商店一帶的婦女嗎？」

我當然會，我也得衡量我自己的事業。我不會為了梅莉紐約店的百分之一點五權利金而減少郵購生意。「我將梅莉的店名和地址印在郵購型錄封面好嗎？」我建議：「這樣我們可以為你打廣告，消費者到商店採購的意願比郵購來得強。當他們發現紐約有一家女裝店，她們會直接去店內購買。」我心想這種做法是不錯的折衷方式。或許有一些客戶還是比較喜歡郵購，她們那裡有那種美國時間到店裡精挑細選呢？

我們在良好的溝通下簽了合約，雙方都蓄勢待發。銷售地區涵蓋多廣？他們要打多少區域性廣告？我們要打多少全國性廣告？梅莉希望在店裡銷售其他品牌的孕婦裝。她曾參觀過紐約其他賣孕婦裝的店，包括Betty Bailey和Mr. Kent，她希望在媽咪工房的正式服裝外，再增加牛仔褲和T恤的休閒裝。她說：「我的店貨品齊全，顧客沒有理由到別的店去購買。」只要我們收得到權利金，只要梅莉在店內銷售媽咪工房型錄上百分之八十五的衣服，我對其他意見並不反對。我們靠著梅莉的店可以在特定地區賣我們自己製造的衣服。既然我們已經獨家授權給梅莉在紐約開店，我們自己便不能在此開店，也不能將衣服批發給同一地區的其他商店。我們必須完全仰賴梅莉在事業上有一番作為。不是所有公司的合約都會將特定地區分給某個經銷商，只要看看兩家麥當勞速食店靠得有多近就知道。但由於上班族孕婦裝的市場很小，我們願意劃分特定地區給媽咪工房經銷商。我們認為除非經銷商有把握將服裝店附近的客人一網打盡，他們不會輕易買下經銷權。

當他們夫婦在晚上離去時，我們握手擁抱，互道珍重。我們大致上已經取得共識。現在我們有了第一家媽咪工房服裝店，這是我們事業上的轉捩點，我們再度看到光明的未來。一個星期之後，我們奇蹟似地正式簽下經銷商合約。梅莉寄回上面有她簽名的那一份合約，並附上訂單與支票，這好似上帝賜下的祝福，她一口氣訂了超過三百件衣服，支票金額高達一萬五千元。我們立刻分頭搜尋，看那些衣服足夠，那些衣服短少。在傑克·何比斯下訂單之後，到梅莉下訂單之前的這段時間內，我們努力提高生產效率。我們清楚知道我們的空間不夠，無法儲存更多的衣服。我們決定開始找倉庫來放置存貨。

費城在十九世紀末到二十世紀初期是全國的服裝重鎮，鄰近的中國城和貧民窟的「服裝區」仍然存在。那裡有上百棟閣樓式建築物，以前是繁榮的家庭製衣工廠，設計良好，有寬廣的空間，在轉角有貨櫃專用的電梯和樓梯。當然，那個時代的樓房又髒又亂，周遭環境也不甚理想，但卻很符合我們的需求。現在這些地方不僅供人使用，價格更是低廉。我們派給父親一個任務，請他到服裝區找到一萬平方公尺的空間。他不辱使命，在第十二街與愛希街(Arch Street)之間找到一間破舊不堪的樓房五樓，每平方公尺的租金是每年二塊五角，我們勉強負擔得起。

我們整整花了三天才將所有的存貨移出家中。如果你曾經看過馬戲團的小丑費力爬出德國福斯小型車，想不通一開始那麼多小丑是如何鑽進車內的，就可以了解我們搬貨的過程是多麼辛苦。如果馬戲團知道我們當初在家裡放了多少衣服，他們一定會封我為都市計畫執行長或其他的政府官員頭銜，因為我們打破了空間運用的所有慣例。我們有一個打工的小女孩，名叫娜塔麗(Natalie)。我們前幾個月才雇用她，請她從裁縫店搬運衣服回來。她原先在以色列與男友同居，剛剛返美。她的個性無拘無束，喜歡和我們這個亂糟糟的家庭打成一片。她開著一部破舊的大型別克轎車，將所有的衣服塞進車廂，然後開回我們家。大半的時間車廂都因為衣服太多而關不上，裝衣服的塑膠袋在風中發出沙沙的響聲。她開車的技術高明，車頭先停進巷子裡的停車位，車身橫擺，車尾伸出路面，她跑下車，雙手抱著滿滿的衣服，衝上樓來。

我們前後大概開了一千零一趟車，每次都穿越二十條大街小巷，才將所有的衣服搬到新倉庫。我們在星期天晚上十一點完工後，個個精疲力盡，腰酸背痛。很不幸的，我們和往常一樣，算錯了衣服和衣架的數量，使我們功虧一簣。雖然父親馬上找到便宜的二手衣架，但規格不符，只適用於商店陳列，不適用於倉庫或製衣廠商。架子的高度太矮，無法四處移動。我們大家累得不成人形，只好將衣服往地上一丟。後來我們花了好幾個星期才找到適合的衣架，終於將所有的衣服都整理好，懸掛起來。

那天晚上當我們大功告成時，大夥累倒在母親公寓的客廳上。愛瑟克和喬希睡在父母的床上，我們面面相覷，茫然失措。

「我們需要買一台小貨車，」丹說：「車廂放不下這麼多的衣服。」

父親點頭表示同意，疲憊的我本能地回答：「我們買不起。」上天對我們真不公平，每次我們跨出一步，就發現新的需要迫在眉睫，將我們的喜悅一掃而空。要負擔倉庫租金，又要增加存貨，我手上的現金更加不敷使用。我連一毛錢的薪水都沒領過，我自哀自憐，黯然上床睡覺。最糟糕的一點是，就算我想回頭也已經太遲，我們責無旁貸，必須勇往直前，將未來交托在上帝手中。

將衣服搬走後我們的家一下子變得大多了，重新擁有生活空間真是令人喜悅，但我每天的工作卻多了去倉庫這一項。我們當然也急需助手，公司人員擴充得極快，我們需要訂單收件員和訂單輸入員。我請了本地的一名大學生做會計和開支票，母親負責薪資記錄並發放薪水。現在我們總共有八到九名員工，管理這麼多員工是一項新的挑戰。

我永遠不會忘記我們第一次去休假的那個週末。那次我們決定讓自己休假一天，開車到丹父母居住的亞特蘭大。我們將二個男孩綁在後座，在星期五早上浩浩蕩蕩地出發。在我休假的那個工作天，父母幫我料理生意。我們自愛瑟克出世後就沒有放過一天假，我相信父母一定可以將店料理得很好，反正只有一天的時間。在下午四點多時，我們停下車來，打電話回家看看有沒有什麼事。

「感謝上帝，妳終於打電話來了。」我的母親欣喜若狂：「我好擔心這棟房子會被人燒掉或發生意外。今天是星期五，妳出門前忘了簽薪資支票。」

「天哪！妳大驚小怪只是為了這件事！我們星期一回來再付不就得了？」我的意思是，難道他們對公司的忠誠度只有這麼一點點嗎？我自己連一張支票都不曾領過，他們只晚一天領支票就哇哇大叫？

「貝卡，妳的想法太天真了。」媽媽說：「他們每個人都在樓上等著領薪水。娜塔麗說如果她今天領不到錢，房租的支票就會跳票。」

「你可不可以想別的辦法解決？」我們正在休假途中，開了十個小時的車，載了二個吵鬧的小孩，現在又惹出這種麻煩。

「我可以先跑去銀行領現金。」她嘆了一口氣，表示對我的不滿：「這個月的薪資將近兩千元，我不知道我的銀行帳戶中有沒有這麼多錢。」

「有多少便領多少吧！我下星期一會還給妳。」我看看手錶，時間是下午四點十五分：「妳要趕緊過去，銀行快要關門了。」

她又嘆了一口氣，但她真的在緊要關頭救了我一命，就像她永遠扮演救火隊的角色一樣。現在我才發現要學的事情真多，第一件事就是我絕對不能把別人的薪水搞砸。員工不是雇主，他們或許忠心耿耿，努力工作，但在緊要關頭，他們不會和妳共渡難關。他們知道得很清楚，是我一時糊塗，現在我終於知道要求別人犧牲眼前的薪水，等待未來的報酬是對員工最深的不敬，雇主絕不能自以為是。我茅塞頓開，了解什麼才是對待員工的正確態度：現在幫我做事，我會按時付你薪水，我有責任履行我的承諾。

梅莉在曼哈頓的第五街和第六街之間的第五十七街找到合適的據點。這棟小形樓房以開設美術館為主，梅莉的店開在五樓，每年的租金只有四萬五千元。她沒有架設招牌，也沒有放醒目的標誌，但這家店對職業婦女來說威力十足。我們計劃在附近的婦產科診所發放最新一期的媽咪工房型錄，以招徠客戶。梅莉親手在每本型錄貼上新店的名稱、地址、開幕日期，然後開始掃街，到每家診所的候診室放置五十本以上的型錄，沒有其他方式能比如此更直接地接觸懷孕婦女。當她的店開幕時，成群結隊的孕婦蜂擁而至，她在第一個星期六就賺進一萬元。婦女們爭先恐後排隊才能進試衣間，她們神通廣大，竟然能夠找到五樓的這家店。梅莉的店還沒有刊登在電話簿哩！後來她學到電話簿是必要的行銷管道之一。在傑克．何斯比來電的幾個月後，整個媽咪工房的事業進入全新的領域。

我們的第二家經銷店開在華盛頓特區，這家店緊跟著梅莉的腳步。有三位女性合夥人主動和我們連絡，一位是律師，一位是華盛頓特區百貨店的經理，一位在家族企業上班。她們三人最近剛剛懷孕，百貨店經理蘇珊看到我們在紐約客雜誌的廣告：「歡迎來電洽詢如何在妳住的地區開設經銷店。」我們決定向她索取一萬美元的加盟金。加盟金並沒有一定的收費標準。我的律師在經銷權方面經驗豐富，她說像我們這樣的小公司，合理的加盟金在一萬至三萬元之間，我們也提高了權利金的百分比。既然我們知道開設經銷店是正確的策略，我們便站在有利的一方。蘇珊代表整個團體和我談判。當她對收費金額猶豫不決時，我們將她們的銷售地區擴大到巴爾的摩，雙方一言為定。華盛頓特區的「三人小組」積極策劃，到每一家婦產科醫院瘋狂地發型錄。我們以稍微高出成本的價格將型錄賣給她們，賺取微薄的利潤。她們一路開車到維吉尼亞州，再北上到德拉威州，途中只要一見到婦產科醫院便下車，到醫院放置一疊厚厚的型錄。她們的努力在開幕當天見到了成果，她們傚法梅莉，在市中心鬧區的辦公大樓一樓後方開店。開幕當天我搭火車去參加盛況。蘇珊邀請了所有的報社和任何可以想到的晚間新聞記者到場採訪，這一天真是盛況空前：第一天的業績就創下一萬四千元的記錄，遠超過梅莉的成績。

我們的事業邁開大步。經銷店的成功看在麗娜眼裡，她是我們的第一位員工，打從第一天上班開始，她就目睹我們的成長。她在最前線接收訂單，注意到雖然這些女人都沒有開店經驗，也沒有賣過孕婦裝，卻能將事業經營得有聲有色。有一天她順理成章來到我面前，問我是否能買下費城的經銷權。她已經考慮清楚了。她的父親願意出資，她在市中心商業區的辦公大樓挑好一塊小地方。我聽到她的要求時心情很複雜，一方面我不願意失去麗娜，她是個優秀的員工，一想到要找人接替她的工作，訓練新人，我就一個頭兩個大。麗娜熟悉我們的電腦作業以及我們的產品，但另一方面我們也希望大張旗鼓，找人開店，麗娜絕對是最佳的經銷商。她說她有個朋友名叫蘿達，是接替她的不二人選，她真的全盤考量過了。

最後，我們訂下加盟金的費用標準。為了讓收費合理化，我們想出了一個公式，收費標準隨著特定地區的人口而定。地區越大，收費越高，我和丹想出了這個極為合理的公式。我們拿出一本以郵遞區號分類的全國地圖，上面有人口分佈的資料，我在合約旁邊加入相關的地圖和人口統計數字。我們向麗娜收費的方式是：每一千個人口，收費十元，費城地區共值二萬五千元之上。這個金額和我們原先估計的數字差不多，現在我們有了計算公式，以後簽約時就方便多了。

經銷權成了我們的金雞母。每一筆加盟金都是一筆可觀的收入，我們無需負擔任何費用或產品成本，就好像丹以前希望我經營的綠郵票事業一樣，自己籌募資金，唯一的不同是新的經銷店增加我們的工作量。我們需要更多的存貨，也有更多的訂單和會計帳目在等著我們。因為事業發展太快，我們時常疲於奔命，缺乏資金，唯一的解決方式是授權更多人開經銷店，但我們也需要改變作業方式予以配合，這是一種惡性循環。

我們的新倉庫堆積如山。傑夫·懷特還特地飛過來幾天，到倉庫安裝幾台電腦和印表機，再透過數據機連線到家中的主機。每天早上我們在家裡將前一天的訂單傳送到倉庫，安排出貨，我們先列印一張清單，將所有的貨打包，一一清點後再列印出貨單。最後的出貨資料，加上裁縫師的進貨收據都要由數據機傳回家中的主機，以便更新庫存資料。理論上在每天下班前，電腦應該有最正確的衣服進出資料。我們每個月到倉庫盤點一次，以確定衣件的實際數目與電腦資料相符。我們一定要確認電腦資料和實際存貨絲毫不差。如果客戶要求十二號的衣服，而你卻寄六號衣服給她，妳一定會被客戶罵得狗血淋頭。

在新倉庫啟用二、三個月後，我們發現存貨數量和電腦記錄有出入，我們用人工在電腦上修改資料，下個月我們又從正確的電腦數字開始統計，但一個月後資料還是不符。一開始差異不大，但後來漏洞百出，存貨管理變得複雜起來。事情演變到不是坐在家中的我們所能掌握了。一批人整天在倉庫進進出出，大半時間我和丹都不在那裡巡視，任何人都可以拿走東西，或將東西裝在箱子裡運走，或將貨品藏在衣服裡帶走，我們必須面對有人偷竊的事實。我試著去分析遺失的貨品是否為同一種尺寸，是的話代表有人帶衣服回家自己穿，不是的話代表有人將貨品轉賣給商店。我也想知道事情是最近發生的嗎？或許裁縫師少給我們衣服，或許是貨車司機在卸貨時順手牽羊，但我找不出一定的模式。或許有人在下班後偷偷跑回來拿東西，我們上了門鎖，但沒有裝警報系統，公司有好幾個人都握有倉庫的鑰匙。

為了解釋存貨短少的原因，我安慰自己說這是員工和貨品同時存在的必然現象。發生的原因可能是員工偷竊、記錄存貨不確實，或缺乏安全控管系統，讓送貨員、布料行業務員，或其他的相關人員趁虛而入。身為企業經理人，你絕不能坐視這種情形，你必須採取行動，解決問題。你可以裝一套安全系統防止偷竊，也可以買一套更精確的存貨管理軟體，隨時提供正確的存貨數字。並試著和員工建立深厚的情誼，讓他們成為你工作上的夥伴，共同防止存貨短缺。如果這一切的努力都失敗了，到頭來還是有人偷竊，你就必須當機立斷，開除這名員工。你絕不能允許存貨短缺的情形存在，這會讓公司產生不健全的文化，傷害到公司的體制。

第三個月是我們盤點結果最差的一個月，我們總共短缺了一百件衣服，一個月就損失了價值五千元的貨品，我們不能再等閒視之，事情絕非員工穿了一件衣服回家，或塞了一件衣服在手提袋那樣單純，實際情況比我們想像中的更嚴重。一週後我們又進行一次盤點，發現又損失一千五百元，我們沒有時間再分析下去，我要採取行動，打擊犯罪。

「有人在下班後來偷東西，事情就這麼簡單。」我說。當時是下午四點，我們剛結束盤點。自從倉庫第一個月存貨不符時，我和丹每天都到倉庫來，但並沒有發現蛛絲馬跡，能在這麼短的時間內拿走這麼多衣服，唯一可能的時間是在晚上四下無人之時。

丹正在思考。「我們需要警報系統，」他說：「只有我們才拿得到密碼。」

「或許里奧明天就可以來裝警鈴。」

「不！我們此刻就要，就是現在。」他的情緒越來越激動「貝卡，我們每星期都損失一千五百元。我們已經打草驚蛇，讓小偷發現我們在注意他們了。他們也許會搶在我們裝警報系統之前大幹一票。今天晚上我們可能會損失好幾千元。」

「好吧！但是我們今天絕對無法裝好警報系統。現在已經是下午四點，我們要不要找保全人員？」

當我正在和丹商量如何解決問題時，所有的員工都慌張地走來走去。到底是誰偷了我們的東西？一下子每個人都有嫌疑：主要的取貨員在一旁，假裝很忙碌的樣子；另一個人在整理衣架，一付心虛的模樣。臨時找不到保全人員來支援，我查遍工商分類電話簿，打給六家以上的保全公司，沒有人能及時趕來。丹跑去電器行買了一個廉價的警鈴，裝在大門上。他在晚上六點半之前裝好警鈴，嘴中不住地咒罵。我們最後總算開著小貨車回家吃晚飯，我那永不吝於伸出援手的母親正在家裡等著我們。

「那隻爛警鈴不會有用的。」丹一邊喝雞湯麵，一邊說：「警鈴只會發出響聲，不會自動撥號給警局，也不會撥到我們家。如果小偷走後面的逃生門，爬樓梯上來該怎麼辦？」

我不知道要說什麼，他是對的，但我們應該怎麼辦呢？

「我明天一大早就打電話給羅賓遜警報公司。」父親說：「他們可以在當天就裝好警報系統。」

「太遲了！」丹狂叫：「我們今天晚上就可能被洗劫一空。」

我們呆呆地望著他。

「我要回去倉庫，」他平靜下來：「今天晚上我要睡在那裡。」他起身上樓。

「我不贊成他的做法。」媽媽輕聲地說，為什麼她總是在緊要關頭說這種風涼話？

我知道丹是認真的，我也知道要勸他放棄這種荒謬的想法只是白費力氣。如果晚上小偷帶著槍來該怎麼辦？他該怎麼辦呢？一千五百元的存貨真的值得我們冒生命危險？

丹帶著睡袋和一支大鐵撬下樓。

「你手上拿著那玩意做什麼？」我無助地問，他沒有回答我的問題，只是往大門的方向走。

「妳可不可以開車載我？」他問。語氣聽起來像在挑釁，不像請求。

我抓緊皮包。「先照顧孩子睡覺。」我一邊衝向大門，一邊對母親大叫。

我們一語不發，默默地開車。當我們將倉庫的門拉開時，只有一隻老鼠跑出來。在炎熱的費城夏夜，附近中國城的氣味隨微風飄散在寂靜的街道上。

「你確定要冒險嗎？」我用微弱的聲音做最後的嘗試。

在丹踏出小貨車時，他靠過來親了我一下：「如果我不能安全歸來，我名下所有的存貨全部歸妳。」

「這一點都不好笑。」我看著他消失在倉庫中，這是個多麼愚不可及的行為。我不該讓他去冒這種險。但話又說回來，一但他心意已決，任憑誰也勸阻不了，這就是當初我為什麼會嫁給他的原因。我嘆了一口氣，獨自開車回家。

我不想吊讀者胃口。那天晚上什麼事也沒發生，除了兩個緊張兮兮、睡眼惺忪的創業家之外。每次外面的警鈴做響，我就從夢中驚醒，提心吊膽。丹在五樓的倉庫抵禦外侮。他做好充分的防禦，在門閂上架起大量的木頭，身子靠著鐵撬睡覺，那天晚上我們沒有損失任何存貨。

翌日我們馬上安裝最先進的警報系統，我們存貨短少的情況也降到可以控制的範圍。多年來我始終未發現是否有人偷了我們的東西，自從我們將存貨搬到倉庫的那天開始，我們就從未完全解決存貨短少的問題。多年前那個炎熱的夏夜，是我們在存貨管理上踏出的第一步。

在我創業三年後的一九八四年，我們陸續在休士頓、紐約、費城、華盛頓特區授權經銷商開店，也陸續接到超過十二通以上的電話，來電者皆有意願在其他城市開業。這是多年來我第一次感到媽咪工房邁開大步，向前奔馳。我用收到的加盟金來投資，成效有目共睹。但令人始料未及的是，當我們享受成功喜悅的同時，也埋下了將來痛苦的種子。等我們後來終於存夠了錢，有意開自己的零售店時，才驚覺所有大城市的經銷權都賣給了別人。在經過起初的衝刺階段後，經銷商只願坐享其成，不願再向外發展。但我們一直到幾個月，甚至幾年後才認清這一點。在當時的那段歲月裡，日子過得一天比一天好，前途看起來一片燦爛。

經營祕訣

無人可諮詢的經銷權問題

一些全球知名的大企業，以經銷權的方式邁向成功之路，第一個出現在人們腦海中的店便是麥當勞。通常授權別人經銷產品的公司，是信譽良好的老字號公司，但也有例外，我們就是個極端的例子。當我們授權別人開媽咪工房服裝店時，我們沒有任何前例可循。授權別人經銷的優點是你可以運用公司的人才和金錢，結合企圖心強烈的創業人士共起奮鬥，使他們成為你的事業夥伴。經銷權是讓你事業快速發展的途徑，但如果你的夥伴有了不同的想法與理念，卻如同利劍一般深具殺傷力。畢竟他們投注了大量的時間和金錢來發展事業，有權利提出他們對公司的意見。請好的律師擬訂一份強而有力的合約是不錯的方法，但不論如何，所有的事業要成功均取決於雙方是否合作愉快。在簽約之前，不妨花一些時間去了解每一位經銷商，使他們認同公司經營的理念。如果你決定授權給他，你需要律師在旁給予意見。在這裡我僅分享媽咪工房經銷權的一些經驗，告訴大家一些普遍而實用的觀念。

經營祕訣

經銷權是什麼？

經銷權是指一種合作模式。一家公司（授權者）提供產品或服務，另一家公司或個人（經銷商）取得授權，以授權者的商標、品牌、經營模式銷售產品或服務。授權者通常提供管理訓練和有效的經營方式給經銷商，經銷商同意遵循授權者訂立的標準，同時在營業期間付權利金給授權者做為回報。經銷商通常向授權商購買用品及存貨。經銷權的精神便是以一家成功的小型企業為藍圖，例如一家零售店或提供服務的公司，再將其經營理念推廣到全國，甚至全世界。在不同的營業地點提供相同的產品或服務，對經銷商而言，好處是他們可以擁有自己的事業，採用一套已被市場接受的經營模式，降低創業風險。我們生存在一個講究品牌知名度的社會，開麥當勞比開一家默默無聞的瑪麗艾倫小漢堡店要來得輕鬆。授權商在行銷和廣告上所投入的預算亦遠超過剛剛創業的個人。我們在經銷商合約上有一條規定，那便是提撥一定的金額做為全國性廣告之用，並在每一本郵購型錄上列出所有經銷店的分佈地點。對授權商而言，好處是藉由創業人士的力量，加速公司成長的腳步。

經營祕訣

經銷權的優點與缺點

授權經銷商的最大好處是你不需要大量資金便能快速發展事業。每家公司在成立初期都會面臨資金需求。如果你的事業穩固，願意耐心等待，可以用累積的盈餘來拓展事業。但如果你的時間急迫，要搶在競爭者之前增加市場佔有率，你必須全力衝刺，及早達到營收目標，立於不敗之地，這是我們當初決定授權給別人開店的原因之一。我們認為孕婦裝市場的潛力無窮，為了先聲奪人，我們努力開發市場，加快成長腳步。我們希望先馳得點，在全國打開知名度，穩住江山。經銷商幫我們達成夢想，他們不只是營業地點的經理，更是我們的夥伴與同事。我當然希望他們珍惜這份事業，長期經營，不要在逆境時棄你遠去，不要趁你不在時偷雞摸狗。我盼望他們全力以赴，集思廣益，將事業經營得有聲有色。在一家新的公司裡，人力與錢財一樣重要，經銷權提供了這兩種資源。

天下沒有白吃的午餐。授權經銷商最大的優點，是讓有意創業的人士加入你的陣容，但這也是最大的缺點。他們不是為你工作。你必須記得：他們

經營祕訣

是為自己工作。當事業欣欣向榮，所有的經銷商都腳步一致，事情就會一帆風順。但如果有人不喜歡你某些經營方式時，他們便會衍生自己的想法。他們也許不滿意你所設計的促銷與廣告活動，也許另一位經銷商因為經營不善而賠錢，希望你提供建言。所有的問題都有解決的一天，但過程充滿了挑戰，你和經銷商受限於一紙合約，正如婚姻一樣，一但兩人許下承諾，就無法置身事外。

如果你決定授權他人成為經銷商，你的公司必然會加速發展，但你不是這份蓬勃事業唯一的受惠者，這是使用別人資金的必然結果。股東會分配到公司淨值的一部份，銀行及其他債權人要連本帶利一塊兒拿回他們的錢。連你的母親都想分一杯羹，除非你自己有足夠的資金擴展事業，但是這對我們赤手空拳的人無疑是異想天開，不過你可以邀請別人加入你的事業，聚集衆人的資源。

經銷權還牽涉到煩瑣的會計和法律條文，最大的缺點是它會消耗你許多時間與金錢，但不要讓這一點阻撓你。我再次重申，公司成長必然會產生許多的後續作業。以某些角度來看，經銷權有其好處，它會強迫你整頓你的事業，並將帳目弄得一清二楚。

經營祕訣

如何起步？

你的第一步是去找一位在經銷權方面有豐富經驗的律師。經銷權牽涉到法律程序，必須有一位好律師從旁指點迷津。第二步是找會計師查帳，授權者一定要提供經過會計師簽證的財務報表。雖然這些專業人士是你事業上的重要幫手，但最後還是必須由你親自做出法律上或財務上的決定。仔細閱讀各種文件及報表內容，不要凡事依賴律師和會計師。

如果你有一套經營模式可供依循(例如成功的商店或營業中心)，你要做的便是列出其特點，並善用這些資料來規劃你的經銷事業。你到底要賣什麼產品？你賣的是品牌？成功的經營模式？服務？商品，或其他設施？如果你的經銷商需要開店，你希望商店的裝潢依照某種規定。你要確定產品、行銷方式、服務標準、營業時間和每一項細節都符合標準，律師會在合約中列出每一項要點。

你要向聯邦貿易委員會呈送一份公開說明書，並將說明書在簽約前十天

經營祕訣

交給有意申請的經銷商。公開說明書要詳載經銷權的各項細節，公司主管的背景資料和最新一期的財務報表。你也要小心記錄你將這份資料交給了誰，什麼時候交的，以免經銷商事後抱怨當初被人誤導。

讓我們先將合約及法律責任放在一邊，經銷事業的核心在於「人」。經銷商是人，如果你選對了人，就可以讓你的事業蓬勃發展。記得要和你的經銷商分享你的事業展望。你希望公司快速成長？產品品質是最重要的一點？客戶服務？行銷和公關？不管你最熱衷的是什麼，要確定你的經銷商認同你的觀點。當我在徵求經銷商的過程中，發現大部份的經銷商竟然都是你的老客戶。她們曾經懷過孕，了解市場的需要，他們勇氣可嘉，全心全意投入媽咪工房的事業，其中不乏許多公司主管，在第一個孩子出生後想要改變生活步調，許多人也找了二、三位女性朋友分擔工作，攜手努力。

找到適合的經銷商是件極富挑戰的事，你可以在商業雜誌和以小型企業為對象的刊物上登廣告。你也要發揮創意，我們以前在郵購廣告上加一行小字：「歡迎洽詢如何在你的居住地區開經銷店」，經常收到數百封回函，這個方式很有效，因此我們便在郵購型錄的封底上加入這一行字。既然你已經

經營祕訣

花下廣告費，為何不讓它達到雙重效益？

合約條款

特定地區：如果你的經銷商花了極大心力來建立事業，他不會希望你又授權給別人，在同一條街上開店打對台。這就是為什麼大部份(非全部)的授權商給予經銷商在特定地區開店的權利。這是一項在談判中強而有力的條件，地區越小，你的彈性越大。我並不是說你希望兩家店靠得越近越好，你終究希望你的經銷店生意興隆，你們的目標相同。但你一直要等到經銷網大到某個地步時，才知道兩家經銷店究竟應該距離多遠，一但你將特定地區授權給別人，就再也要不回來了。我當初犯下大錯，將一片廣大地區給予我的第一位經銷商——幾乎是三個人口最密集的州，後來我將其中一部分以高價贖回。在簽訂合約時，將土地分割成小區域對你比較有保障。如果決定分配一大片區域給別人，至少在合約上規定，經銷商要在一定的時間內成立一定家數的店。如此一來，如果經銷商不願增加店數，某些地區會就自動回到你的懷抱。

經營祕訣

費用：主要的費用有兩種：在簽約時就必須支付的加盟金，和永續存在的權利金，權利金通常佔營業額的某個比例。我的第一家授權商找上門來時，我簡直樂昏了頭，沒有收取任何加盟金。畢竟我才剛起步，無法提供成功的經營模式或商店記錄。第一位經銷商其實是在幫我建立雛型，供以後的加盟店學習。後來我眼看一家家的經銷店鴻圖大展，才開始索取加盟金。隨著時間的腳步，我將金額自一萬元提高至三萬元，加盟金可以讓你的資金無虞，全力衝刺。當我的服裝品牌和經銷店在市場上闖出名氣、建立口碑後，我也提高了權利金的百分比。我建議你將心血投注在成功的經銷店上。如果你收的費用超過他們的能力範圍，對雙方都沒有好處。因此以長遠的眼光來看，你應該以增加銷售量，而非向經銷商索取費用來賺錢。

合約年限：律師通常會告訴你每一份合約都有終止日期，並非永久有效。你的經銷商當然希望合約期限越久越好，以保障他們的權益。但你希望每隔一段時間，或許五年，重新簽約，好讓你有機會終止某些未達目標的經

經營祕訣

銷商。你可以用營業額、店的數目或其他方式評估經銷商的成績。你也可以收取續約費。我在此重申，我不想在這方面過於貪心，但五年的變化很大，經銷權的價值可能暴增，到那時候重新評估合約對你較為有利。

最低限度：你要在合約上清楚說明你對經銷商的要求，將所有能使事業成功的要素逐一列出。如果你的構想是開零售店，店的大小要多少平方公尺，裝潢依照某些規格，營業時間有多長，店裡要有幾名員工。讓我們舉最極端的例子，麥當勞所有的店都是統一規格，他們依照特定的建築藍圖和室內規畫。我沒有標準商店，因此很難要求每一家店都依照特定的規格裝潢。我在意的是店內所陳列的衣服數量，我要求經銷商依照郵購型錄，在店內陳列一定比例的孕婦裝。如果他們有意願，可以增加其他品牌的衣服，但媽咪工房必須是最主要的展示品。在這種情形下，郵購型錄成了雙方遵守合約規定的最佳見證。

買回權：處理這一點需要高度智慧。你一方面希望保留日後的買回權，

經營祕訣

但如果你將這一點列入合約中，會讓你的合約失去吸引力。誰希望努力工作到最後，眼睜睜地看著授權商強行介入，以低價買回自己辛苦耕耘的成果？你或許可以將條款適度地納入合約中，保留自己在五年或十年後，以市價買回經銷店的權利。當那一刻真的來臨時，雙方有權利重新評估市價為多少。如果你的經銷商無意出售經銷店，而你卻強人所難時，他恐怕會告你一狀，換成是我也會如此。因此，雖然理論上我贊同買回權的條款，且但願當初也能如此做，但我不確定這個條款是否真的可行。以我的情況來說，我最後將所有的經銷店買回來，分別和每一位經銷商交涉，甚至打了官司，這段過程歷經千辛萬苦，但皇天不負苦心人，最後終於圓滿落幕！

授權經銷商之後

現在你有了工作夥伴，好好對待他們，經常與他們溝通，聆聽他們的心聲。一年開一次或兩次經銷商大會，將所有人聚集一堂。如果你不如此做，他們會感到孤軍奮鬥，你也會摸不著方向。但如果他們聚在一起大吐苦水，一定也會讓你很難受。然而有機會讓他們發洩一下心中怨氣是件非常重要的

經營祕訣

事，如果你能用心傾聽他們所說的話，你會學到許多讓你事業成長的重要方法與知識。

對你而言，親自開發幾家隸屬公司旗下的商店有其重要性。它可以幫助你認清事實，掌握市場脈動，身為授權商，你是唯一能夠顧全大局的人。我記得有一次和一個經銷商吵架，她不同意我說的某項規定會對整體經銷商有利。「我才不管整體呢！」她向我大叫：「我只關心自己的事業！」我不能怪她的想法很自私，但這並不會改變我為整體著想的態度。管理經銷商不能用民主制度，要採取溫和的獨裁作風，你有權決定對整體利益最佳的制度。記得要有耐心聽取別人的意見，敞開心門。親自開設分店會讓你進入狀況，對決策過程大有幫助。

總歸而言，結合其他企圖心強烈之創業人士的力量，會讓你的事業快速發展。但相對地，你也必須付出代價，犧牲一部份利潤和自主權，容許管理複雜化。如果你和經銷商對未來抱持同樣的夢想，你們的合作關係稟持公正公開的原則，那麼經銷權便是你拓展業務的最佳選擇。

經營祕訣

本章摘要

- 授權經銷商能讓你不必擁有大量資金便能快速發展。
- 經銷商的缺點是他們不是為你工作，而是為他們自己工作，他們可能有自己的想法、行銷計畫或經營策略。
- 第一步是去找一位在經銷權方面擁有豐富經驗的律師，再找會計師查帳。
- 建立標準的經營模式，吸取別人的成功經驗與法則。要確定經銷商的產品、行銷方式、服務和其他規定都符合標準。
- 經銷事業最重要的是人，要確定你的經銷商和你一起分享事業展望。
- 訂立合約條款時務必小心謹慎，尤其是在特定地區、加盟金、合約期限方面。
- 訂出你對經銷商的要求，並且將所有能使事業成功的要素逐一列出。
- 如果可能的話，加入買回權這項條款。
- 和你新的「工作夥伴」溝通，允許他們吐苦水。
- 授權經銷商的代價，是你必須犧牲一部份利潤和自主權。但如果你和經銷商對未來抱持同樣的夢想，經銷權便是你拓展業務的最佳選擇。

第七章 瓶頸

你的市場有多大？即使沒有精確的數字，也要有預估值。唯有數據化，才能擬定策略，檢討經營，修正方向。

沒有什麼事比在一家成長快速的公司執掌大權更令人震撼！我們以閃電般的速度在一個接著一個城市授權別人開經銷店。舊金山由三位個性互補的女士共同經營，她們分別是投資銀行家、護士和家庭主婦；芝加哥被一位食品公司的主管買了下來；丹佛被一位祖母級的人物買下來，她在女兒生產後退休，因而有機會接觸到媽咪工房；哈特佛由一位藥劑師經營，她的妻子剛生下一名嬰兒；亞特蘭大被一對夫婦買走，他們真是完美的搭擋，精力旺盛，胸有成竹。每一個人都有新的想法和點子，我們將傑克・何斯比由配銷商的身份轉換為經銷商，不收任何手續費，他的妻子在「休士頓何斯比訂製西服」的對面開媽咪工房服裝店。

事情終於否極泰來，我們存夠了錢，請裝潢公司來施工，讓家裡煥然一新。愛瑟克和喬希開始上托兒所。我的手術傷口也漸漸癒合，這是多年來我第一次感到背部不再疼得要命。一九八五年似乎是稱心如意的一年。

我們開始招兵買馬以因應公司的快速成長。首先，我們聘請會計人員來處理帳款和應繳款項，我們給他「財務長」的頭銜。再來是賴尼，我們第一位名符其實的生產部經理，我們的一位裁縫師知道我們在徵人而推荐了他。賴尼曾在紐約的一家名牌服飾公司任職，知道「紙模」是什麼。他的身材短小，大約五十多歲，帶著濃厚的布魯克林腔調，他從多年的工作中培養出銳利的眼光，他的口頭禪是：「我們熱愛做生意」。他懂得以話語暗示別人，讓人覺得他在服裝上的知識遠勝過你，所以你最好不要質疑他的專業程度。

賴尼做的第一件事便是在倉庫放置裁剪桌，並聘雇幾位裁剪師，這讓我們的廠商僅剩下裁縫師，不再有裁剪師，這也代表我們可以直接將布運到倉庫，不必擔心布料供應不及。我們在生產過程中越能掌握一切，就越能提高利潤，降低成本。

倉庫堆滿了賴尼製作的衣服，只要稍加時日我們便可以搬到大一點的倉庫。不料就在此時，意外事件發生了。有一天房東忽然打電話來說我們倉庫所在的大樓被政府明令禁止使用。我們只有三個月的時間搬家，市政府準備要拆除這四條街上的建築物，興建賓夕法尼亞州的會議中心，他們稱此為徵收權。我氣急敗壞，無法相信他們竟然一言不發就徵收了我們的大樓。這裡是民主的美國，不是蘇俄，企業自由、個人權利、法律程序何在？我們才搬進這棟倉庫不久。等我有了錢，做好準備，自然會搬走。現在我才明白為什麼附近的大樓空無一人，為什麼這麼容易就可以簽下短期租賃契約。我打電話給房東，他很同情我，但愛莫能助。

我打了一通電話給市政府。

「我要找市長。」接線生將我的電話轉來轉去，最後轉到會議中心住戶遷移單位負責人的助理。

她說：「有人會跟妳聯絡。」我對這種答案非常不滿意。

一個星期之後我們和會議中心住戶遷移單位的代表開會。他們告訴我遷移戶可以領到搬家費，包括遷移金和賓州工業發展公司提供的低利貸款，協助我們繼續留在當地發展事業。補助金額是二萬五千元，貸款金額是五萬。現在我才明白為什麼房東的態度那麼消極。我們只是房客就可以領到這麼優惠的補助金，房東領到的巨款大概和匪徒搶劫到的差不多。

「這些錢不夠。」我說：「我們才買了一台新的裁剪桌，現在我們要拆開它，搬家後再裝起來。」

丹在火上加油：「你們太荒謬了，或許我們應該搬到對岸的紐澤西州。」

「我可以為你們爭取到五萬元的補助金，這對你們有幫助嗎？」遷移單位人員的態度顯然有所保留，誰知道他的底限在哪裡？

「你知不知道我們要費多大的功夫才能適應新環境？」我皺一皺眉頭，表示我的不悅：「你能不能增加補助金？」

接下來是一陣靜默。

「我給你五萬元的補助金和七萬五千元的貸款，這是我的底限。」

「我們接受。」丹和我異口同聲地說，我們真是太迫不及待了。

「你確定這樣夠嗎？」我問丹，假裝不確定的樣子，但這已無關緊要，市政府的人拿出檔案夾，寫下記錄。

我們的會議就此結束，大家步出門外。我和丹走到角落，不禁相視莞爾：「他們就算徵收我們的房子也無妨！」我說。

我們又向前邁出了一步。遷移單位的人幫我們找到一間新的倉庫。賴尼以「專業」手法全權處理搬家事宜，我們不再來來回回開幾千趟車搬運東西。我們雇用了維妮莎，她剛從學校畢業，精力旺盛，聰慧過人，負責行銷和經銷商管理。我們又雇用了葛塔，她是一位專業的服裝設計師，負責設計新款式，改良舊款式。我們又增加了十幾個人來處理訂單和出貨事宜，人事成本節節升高。

我們的事業前途看起來一片光明。我們只要授權別人在新城市開經銷店，生意就滾滾而來。職業婦女找不到其他地方去買孕婦裝，新時代的婦女觀念不同，雅痞族忽然喜歡生兒育女，職業婦女一直等到三十幾歲事業有成才生孩子，我們恭逢其時，媽咪工房提供他們「制服」。以我們成長的速度看來，那一年的營業額可以堂堂突破一百萬元，而我們才僅僅掠過市場的上空呢！我們需要在別人發現這個市場之前，快馬加鞭佔有整個市場。我們需要更多的店，也需要開店的資金。

為了擴大經營，取得資金的方式有兩種：申請貸款和發行股票。貸款你得付出利息，發行股票則是賣出公司資產的一部份——就像簽下一張契約，和別人共享未來，是福是禍無法預知。大部份的創業者都不知道這一點，他們只知道眼前急需用錢，便馬上決定使用那一種方式。但貸款和發行股票二者有著極大的差異。一但你做出決定，就被它牽著鼻子走。長久以來我們一直被銀行排拒在外，因此我們採用股票制度。丹由於先前在高科技行業打轉，電話簿中裝滿了創業投資人的聯絡電話。他開始著手整理這些資料，我則開始寫公司的經營企劃書。

我的第一份經營企劃書費了九牛二虎之力才完成。當你每天充其量只能糊口，每個星期在發薪日掙扎不已時，怎麼能預估五年後的財務狀況？所有的計畫都是憑空猜測。上班族孕婦裝的市場有多大？我知道這是投資人第一個要問的問題，但我找不到孕婦的統計資料，更遑論細分孕婦裝市場。以往的工作經驗對我們有幫助嗎？投資人往往喜歡創業人從事和上一份工作類似的行業，而我在建築工程方面的經驗完全派不上用場。我找出所有的媒體報導來證明我們的眼光獨到（感謝上帝，媽媽將剪報妥善保存）。我匆匆將經營企劃書拼湊出來，用電腦軟體精心設計一份財務預估報表。我每天工作到半夜，想破了頭，才將這份經營企劃書擠出來。企劃書上顯示五年後我們的營業額將可突破一千萬美元，在當時看來真是無稽之談，但後來我們卻超過了當時的預期，七年後，在我們股票上市的那年，營業額達到一千九百萬美元。

我一完成經營企劃書，就按照丹的名單寄出，再以電話追蹤。不過只有少數人有興趣，我們和一些年輕的分析師開了短暫的會議，甚至飛到紐約去找丹以前在電腦界的朋友，沒想到他們一口就回絕了我們。

「市場太小了，我們只投資在一百億以上的市場。」

「我們只投資高科技公司。」

「你未達投資門檻。」

這些是最常聽到的答覆。

「如果你的想法不錯，別人早就做到了。」

我們只得到一位康乃狄克州投資人的注意。他特地抽空飛到費城來看我們，在經過一連串的談判後，他寄給我們一份合作案。我們要在三年後付給他四十萬投資金額的雙倍。除此外，他要公司二分之一的股權。他真的以為我們愚蠢無知嗎？他真的覺得我們走投無路了嗎？我們將合作案撕成碎片，丟入垃圾桶。我只覺得別人太小看我們了，這些人難道看不出來機會就在眼前嗎？

「或許我們需要再往前邁出一步，別人才願意投資。」丹說：「或許我要自己開一家隸屬公司旗下的店，而不是經銷店，好證明我們的潛力無窮。」

問題是我們已經將最好的區域拱手讓人了。紐約、洛杉磯、芝加哥，所有人口密集的地區都已歸於我們的經銷商名下。城市越大，收入也越高。舉例來說，梅莉吸引了大批的紐約婦女上門，看樣子她那一年可在小小的五樓服裝店賣出價值五十萬元的商品，但由於她也兼賣其他品牌的孕婦裝，只有百分之六十的收入，即三十萬美元來自我們的產品。由於我只以百分之五十的價格賣貨給她，因此我們的收入只有十五萬元，毛利並不多。我們必須自己在大城市開店，波士頓是我們的首選。

我們熟悉波士頓是因為我們剛結婚時住在那裡。丹親自去找地點，並招募分店經理。我們的「第一家店」位於波士頓市中心一棟辦公大樓的夾層。當星期六辦公大樓關閉時，顧客必須在警衛室簽名，開車到大樓後面，走樓梯上夾層，再按電鈴進入店內。我們當時的想法是尋找便利的地點(我們和Filene's、Jordan Marsh與其他大型零售店只隔一條街)，在樓上或一樓後方開店以節省租金。上班族孕婦裝的市場有限，我們自認付不起購物中心或購物大道昂貴的租金。由於我們的商品有其獨特性，在顧客迫切的需要下，他們會願意多走一哩路來找我們的店。

我帶維妮莎到紐約去參觀所有賣孕婦裝的服裝店，順便購買休閒裝。當我告訴她所有的訣竅時，她真想買下這家店。我的經銷權帶給貝蒂·白利不少生意，因此對我的態度有了一百八十度的改變。她在聖誕節送我一個在提凡妮買的咖啡杯。這是我第一次帶維妮莎到她的店裡參觀，她站在門口向我招呼，仿佛我是她最好的朋友。她準備了水果和鬆餅等著我，好笑的是當她的秘書打斷我們的談話，告訴她百貨公司的人打電話來時，她不耐煩地說：「請他留話，瑪麗安，妳看不出來我正在忙嗎？」我無法忘懷第一次來她店裡參觀時，SAKS百貨公司一打電話來，她當場就下逐客令。我知道我心眼很小，但我真的喜歡她以甜言蜜語來巴結我。

我們在電腦上將波士頓店面設定為另一家郵購客戶，如同我們以往處理經銷商的方式一樣。我們的想法是一開始將每一種款式，每一種尺寸的衣服都運到店內，建立基本庫存，店內經理便會記錄每天的出貨量，再以電話向我們下單訂貨，補充庫存。我們將這張訂單隨同其他的郵購訂單與經銷商訂單一同處理，倉庫一併出貨，讓這家服飾店的衣服一應俱全，除非他們一、兩天前舉辦特別的促銷活動。如此一來，店內經理便可預估補貨會在哪一天運到。這是一套簡單的存貨系統，我們很早就開始使用，後來慢慢修訂。我們隨著銷售量補充存貨，不事先猜測那一種款式最受歡迎，而在店裡儲存這一類型的衣服。我們讓顧客決定供需，依照實際情況隨時補貨，追隨市場的腳步。當然，由於我們自行生產衣服，所以能讓倉庫無後顧之憂，充份供應客戶的需求，我們不需要依賴其他製造商的「步伐」。

我們花了五萬元開波士頓店，包括設備、裝潢和額外的存貨。每次擴充時我們都需要及時的資金。公司的營運不錯，有資格貸款開第一家店，但未來的店必然需要投資者贊助。我們熱烈期待第一家店正式開幕。賴尼大聲宣佈他一定要去目睹第一天的盛況，維妮莎也想去，我希望大家都去感受現場氣氛，振奮士氣。但我不想花大筆鈔票買機票，我們決定搭「民眾列車」(People Express)。那是一家在紐沃克經營不善的航空公司，來回機票每人只要三十七元。我們十個人在星期六早上五點擠進藍色的小貨車，開車到紐沃克趕搭九點鐘開往波士頓的飛機。民眾列車的航空站人山人海。因為位置不夠，大人們坐在地上等候。這輛飛機像戰鬥機一樣不穩，很適合我們這種瘋狂的團體。

這不是我們開幕銷售記錄最好的一天，但絕對是最有意義的一天。我們對每個進來的客人都緊迫釘人，大概把他們嚇得不敢購買，因此銷售下滑，我們太焦急了，畢竟這是第一家零售店！我們終於掌握了自己的服裝店，自己的命運！我們拖著疲憊的身子回家，筋疲力盡但心滿意足！

在接下來幾個月中我們步步為營，我們雇用瑪麗安出任零售店總監，這讓維妮莎有點不高興。但瑪麗安在管理孕婦裝店上有豐富的經驗。她的身材短小，頭髮灰白，看起來已經當了祖母，但她神采奕奕，朝氣蓬勃。她曾在大型購物中心「普魯士宮廷」擔任Page Boy孕婦裝店的經理。Page Boy擁有三十家連鎖店，遍佈在全國的高級購物中心裡，專賣高價位的流行孕婦裝。這家店在一九五〇年由一對姐妹創立，總部設在達拉斯。瑪麗安知道如何在母親節辦促銷活動，也知道如何在店內陳列服裝，讓衣服看來井然有序、色彩協調。她有足夠的經驗知道如何保管減價商標，並讓櫥窗看起來光鮮亮麗。她知道什麼時候該減價，打多少折扣。她以前時常走來走去，口裡唸著：「我的店這樣，我的店那樣」，這令維妮莎產生反感，她怒氣沖沖地說：「這家店不是她的」。

這是我第一次必須同時管理兩位專業人士，並與他們密切配合。維妮莎剛步出大學校門，力求表現；瑪麗安身為祖母，有過人的精力和豐富的經驗，二人各有所長。他們每天面對對方。他們的書桌由去除門把的空心木門，加上木架和二手的文件櫃改良而成。一開始他們互相說對方的壞話，每個人都想證明自己的能力比別人強，這對公司不是件好事。最後我劃清他們的工作範圍，只剩下少部份工作會重疊，以此降低他們衝突的次數。舉例而言，維妮莎在瑪麗安來之前就負責廣告，但瑪麗安要打「區域性」廣告以支援「她的店」。瑪麗安希望掌握店內的促銷活動，配合廣告出擊，她們兩人總是僵持不下。事實上真正該怪的人是我，我身為經理，沒有清楚列出每個人的職責範圍。為了解決問題，我將廣告分為兩部分：區域性和全國性。維妮莎負責全國性廣告，瑪麗安負責服裝店一帶的廣告。當我平熄了他們的糾紛，讓他們將注意力集中在工作，不要針鋒相對時，他們開始和睦相處。

我們準備好要開下一家店了，我們必須湊到足夠的錢，老顧客又幫了大忙。丹在商學院的一位同學娶了一個在紐約銀行上班的女孩，她剛生下孩子，在懷孕期間她一直穿媽咪工房的孕婦裝。瑪麗了解職業婦女對孕婦裝的需求，她有銳利的商業眼光，看得出媽咪工房的潛力，願意貸款給我。最後，身為銀行家的她，藉著豐沛的人脈關係助了我一臂之力。

有一天瑪麗和吉姆來費城，我和他們共進晚餐。瑪麗整個晚上都在談孕婦裝，她發誓一定要幫我們借到錢開店。瑪麗的銀行在紐約州北部，她覺得我們和本地的費城銀行往來會比較好。她答應我回去後會打電話詢問，看看誰可以推薦給我們。

透過瑪麗的介紹，比我們直接打電話給銀行貸款部經理要容易借到錢。瑪麗直接打電話給銀行總裁，她只要一通電話就實現了我們多年來的願望。

瑪麗果真信守承諾，在她的大力推薦下，一家費城的小銀行打電話給我們。真是風水輪流轉，我們和銀行的人會面，說明我們的狀況。我的天哪！我們多麼努力推銷自己！我們有了第一家店，展示出成功的經營模式，順利貸到十五萬元，足夠開兩家店。究竟是我們高明的談判技巧，或我們自己的零售店，還是瑪麗的關係良好，才讓我們最後贏得勝利？我想每一點都有關係。我們又在正確的時間，採取了正確的行動。

當時我並沒有意會到銀行貸款的重要性。丹總是將此比喻為交女朋友，第一次很困難，但只要你得手一次，以後就容易多了，因為大家都知道你有人要。同樣的，我們現在是一家「有貸款能力」的公司。一家主要的金融機構評估我們的財務狀況，核准貸款，撥下現金。一瞬間，我們邁向一個全新的里程碑。未來所有的投資全源自這一筆貸款，我們加入了投資人的行列。

我們不到二個月就將錢花掉了。達拉斯是我們的第二家店，克里夫蘭是第三家。這兩家店不如波士頓成功，但整個市場皆是如此。因為我們的租金很低，加上我們運用「次級市場」的觀念，這兩家店的獲利仍然十分可觀。這段時間，我們仍然在開經銷店，哈利斯堡和聖地牙哥相繼開了經銷店，迷人的媽咪工房行銷觀念勢如破竹。

機會越來越多，資金的需求也越來越強烈，這是不變的定律。有時候我覺得公司歷史無非是一部籌措資金的奮鬥史，這次我們要找股票投資人。我們的舉債能力已經達到了極限，銀行用兩個比率來分析公司是否有能力增加貸款金額，一個是償債比率，即每月盈餘除以每月的還款金額，目的是確定你有還債能力；另一個比率是以貸款餘額除以淨值(資本額扣除貸款部份，包括累積盈餘在內)。負債對淨值的比率透露出萬一你宣佈破產，銀行是否可以拿回貸款餘額。這兩個比率都顯示出我們的貸款能力已經到達極限，情況非常明顯，公司需要發行股票。

現在我們有了人脈，有了管道。銀行人員安排時間讓我們和一位律師見面，他認識許多創業投資人。律師介紹一位私人投資者給我們。我們的會計師也介紹其他的私人投資者給我們認識。我找出原來的經營企劃書，修訂內容。現在公司的規模和以前已不可同日而語，我們是一家有貸款能力的公司，我不能說資金來源很容易，但至少人們願意坐下來和我們談一談。

我們在第一場會議和兩位成功的商人談話，這兩個人約六十歲出頭。他們找了五、六個成功的商人共同組成投資俱樂部，綜合各人在不同行業上的經驗，決定投資那一家新公司。這兩位企業界的領導人物爬著破舊的樓梯上來，其中一位膝蓋受過傷。他們上來後氣喘如牛，抱怨連連，一開始就不太順遂。

其中有一位投資人從事電腦晶片業，另一位是費城最大連鎖百貨公司的副總裁，他對零售業瞭若指掌。

「告訴我，麗貝卡。」這位零售業專家氣喘噓噓地問我：「在換季的時候，你如何處理剩下的商品？你是否減價促銷？」

我告訴他們我們將衣服送回倉庫，次年再拿出來賣。我向他解釋這些衣服都是傳統樣式，永遠不會褪流行，因此我從未減價促銷。

「你的倉庫會不會太擁擠？妳的產品流通率有多高？」

我不清楚產品流通率是指你的商品賣出速度，相對於無法賣出的商品是多快。他提到這點我才注意到我們的存貨越來越多，但我們的營業額也急遽攀升，因此我們有必要維持大量的存貨。他用的術語對我而言全然陌生，我真的不知道流通率有多高，我只知道生產顧客想要且喜歡的衣服。

「我們的存貨管理很有效率。」我含糊帶過：「我們的倉庫提供貨品給公司旗下的店、經銷店、郵購客戶。流通率持續在進步中。」我的話讓他很滿意。電話鈴聲響了，我跳起來，衝過去拿起電話筒，強迫丹回答下一個問題。電話那端是聖彼得學校的級任導師。我背向投資人，不讓他們聽見我們的談話。

「馬提斯太太，我很擔心喬希。你這星期可不可以抽空來看看？」喬希剛進了聖彼得學校，開始上三年的托兒所。

「是的，這星期我可以與你見面，我們要討論什麼主題呢？」我試著調整語調，讓人聽起來像在談一樁生意。

「家裡發生了什麼事嗎？馬提斯太太？」喬希的老師發現他的行為反常：「他只用黑色蠟筆畫圖。」

黑色蠟筆？她打電話來只是告訴我黑色蠟筆一事？我正努力爭取創業投資人的錢，她卻和我談微不足道的黑色蠟筆？你們沒有給他紅蠟筆嗎？我想問她，但這對我的投資計畫大業不利，投資人正瞪著我瞧。

「是的，我要和你好好談一談顏色的選擇。我會看一下行事曆，再回電給你確定開會時間，非常謝謝妳。再會。」

我試著在會議上集中注意力，但就是做不到。轉眼之間，創投事業變得不重要了。我是不是一手摧毀了孩子的幸福？他看起來那麼快樂。雖然喬希的級任導師嘴裡不說，但我知道她反對母親外出工作，她形容的情況會不會有點誇張？

接連好幾天我一直想著喬希，直到我們與老師見面為止。在這段時間，我發現不只原先的兩位投資人對我們公司有興趣，另外還有一位投資人也躍躍欲試。銀行的律師希望引見這位投資人給我們，後來我們發現這位新的投資人竟然曾和原先那兩位投資人聯合投資別的公司。原先兩位投資人對媽咪工房充滿興趣大概影響到這位新的投資人。根據丹的「女朋友」理論，我們已經炙手可熱。

我們找了原先的投資人和新的投資人開第二次會議。這位新的投資人一付悠哉的樣子，我不敢相信他年紀輕輕就管理這麼多錢。他在會議開始後三十分鐘加入，手裡掏出一袋M&M巧克力糖，大口大口嚼了起來。

「希望妳不介意我享用點心，」他笑著說：「我沒時間吃午飯。妳的公司很漂亮。我知道很多女人會買媽咪工房孕婦裝的產品。」

他的態度那麼輕鬆自在，後來我和他熟識後，才知道他在開會前就對我們公司做過徹底調查。但我要再度強調，和他同年齡的朋友中，有許多人需要孕婦裝這種獨特的產品，因此他了解市場和顧客急迫的需求。他似乎想認識公司的管理階層，我們一開始就和他談得很投機。

會議結束後，我和丹幫公司籌募到五十萬元的現金，我們可以大展身手。我們開始計算這筆錢可以開多少家店。一下子我們的公司躋身大公司行列。我們有投資人，也有銀行，我們準備好全力衝刺。我們說服別人認同我們的理念，並以金錢做為我們的後盾。猶記得第一張訂單的金額只有二百四十七元，我不敢相信我們走了這麼長一段路。然而，我才剛剛踏入創投事業的領域，面對高額貸款、董事會、年度財務報表。似乎我每達到一項成就，新的大門便會為我敞開，新的挑戰和希望則在遠方向我招手，我又得重新開始學習每一樣事物。

聖彼得學校的級任導師態度傲慢。愛瑟克以前稱她為「學校的女主人」。我和丹在那星期前往學校，她嚴加拷問我們的家庭生活及喬希無精打采的原因。

「或許上禮拜我去達拉斯讓他不高興。」我不想供出實情，只想找出別的理由搪塞：「這樣，那樣，我知道我不夠盡責。」

「馬提斯太太，孩子像一朵小花，每天都需要陽光和雨水的滋潤，你認為喬希得到的陽光夠多嗎？」

天哪！我知道她下一句要說什麼，我在她眼中像是寒冷的北風。她有什麼資格批評我？喬希比任何小孩都擁有更多的陽光，他有一對疼愛他的父母，我為自己辯護。

「喬希到底做了什麼，讓妳覺得他異於常人？除了用黑色蠟筆畫圖以外。」

她沉默了一分鐘，然後開始談心理學。

「孩子在畫盤中選擇黑色，反應出更深層的行為異常心態。你有責任去發現他的問題根源，好設法解決。」

請妳再說一遍？我開始了解她所謂的問題是什麼，她並不是怪我。

我們結束了會議，和老師握手道別，一路走回家。那天晚上我們和三歲大的兒子坐在沙發上，我們聊美術課，也提到黑色蠟筆。老師沒有給喬希鉛筆畫圖，黑色蠟筆是他能找到最像鉛筆的工具。我總是在家中以鉛筆畫素描，他在模仿我畫圖的樣子，正如小鴨子跟著母鴨到池塘邊一樣，第一次嘗試下水，我發現自己並沒有那麼糟糕嘛！

媽咪工房的事業堂堂邁入第五個年頭了。人們說如果一家公司安然度過前五年，存活的機率就大為提高。在我們眼中，每一年都像新的開始。每一年都出現新的契機，在新的一年中我們以零售商自居，去年我們是授權商，前年我們是郵購公司。第五年想必是最令人拭目以待的一年。然而，當你認為前途會一帆風順時，偏偏遇上大風雪。人生不如意事十之八九，問題是你要如何面對？你如何在逆境中力爭上游？你是否能跨越一切障礙，勇往直前？帆船快要翻了，我要趕快遠離風暴。

經營祕訣

如何籌募資金？

如果你要拓展事業，必須做好金錢管理。事實可能與你想像的相反，你的公司越成功，需要的資金也越多。當然你可以選擇放慢腳步，只運用公司的盈餘來投資。許多人會給你種種理由：沒有人會干涉你公司的作業，你不須要對任何人負責，沒有人會與你爭功。有些人不願意邀請別人參與自己的事業，因為他們不願放棄掌控權，但有時放棄一部份權利卻可以換得更大的利益。先有栽種才有收穫，世上沒有絕對的答案，全在你一念之間！

籌募資金的第一步是寫經營企劃書。你必須向任何有興趣的投資人仔細說明這份事業，包括你對未來的展望。下一步你要決定申請貸款、發行股票，或雙管齊下。貸款通常來自銀行，但也可能來自母親、朋友，或私人投資者。如果你有貸款，必須按照固定時間繳付本金和利息。如果你向親戚或朋友借錢，務必說明清楚這筆錢是貸款或投資股票。我曾經看過兩個人因為誤會而失和。當事業不順利時，你會不會償還這筆投資（貸款）？你的夥伴會不會與你同甘共苦，承擔損失？發行股票代表你將部份股權轉移給你的夥伴。當你成功時，你的夥伴會按比例分享利潤。你的好友在你急需援助時給你一萬元，買下公司百分之三十的股份，這筆錢可能增值到數百萬元，也可能付之一炬。

經營祕訣

如何寫經營企劃書？

經營企劃書上應該分為文字說明和財務報表兩大部份，企劃書沒有特定的格式，但一定要包括幾項重點。正如偉大的演說不超過二十分鐘，一份好的經營企劃書不應該太長，二十頁的長度剛好。企劃書一開始應該要有一、二頁的摘要說明，吸引投資人的注意力，使他們容易掌握要領，這一段也可能是人們唯一會讀的部份。你希望向潛在的投資人說明為什麼你的事業前景看好？你的市場優勢為何？為什麼你能超越競爭者？強調重要的數字，無論是營業收入、成長率、獲利能力、每平方公尺的營業收入或現金流量，任何能讓人印象深刻的重點都應該包括在摘要中。企劃書的文字內容視公司的性質而定，但有幾項重點是所有經營企劃書都應該包括的。

經營祕訣

市場・你的產品市場規模有多大？如果你沒有精確的數字，也要有預估值。你一定要數據化。這一點對我來說十分困難，因為政府並沒有針對孕婦裝市場做過調查。因此我取得新生兒的數目，配合職業婦女的人口分佈與統計數字來估算出上班媽媽的人口。好笑的是，後來有一家大城市的報紙刊登了一篇文章，上面說孕婦裝的市場高達五億美元，他們的資料來源竟然是我。他們取得我的計算公式，似乎這些數字對他們來說是一大福音。

競爭・每個行業都有競爭對手。我以前天真地以為賣孕婦裝不會有競爭者，但回首過往，這種想法害了自己。有些女人就是會到別的地方買孕婦裝。你必須預期競爭者的加入，並且要知道他們是那些人，以想出通盤計畫來擊敗對手。

策略・這是整份經營企劃書中最能讓你發揮的部份。你如何達成營運目標？靠經銷權？併購？市場佔有率？你如何在市場上獨領風騷？我在經營

經營祕訣

企劃書中提到的重點之一便是垂直整合，簡單來說就是我自製自銷孕婦裝，如此一來我握有掌控權，並可提高毛利。這一段讓你有機會闡述你的理念，發表你的行銷策略。

產品・這部份不需要拐彎抹角。直接說明你的產品有些什麼？為什麼它與衆不同？市場又是如何區隔？

財務報表・大部份的人看到這個部份都很興奮，我也不例外。回顧公司的歷史很簡單，只要列出公司五年來的損益表和資產負債表。預估未來比較困難，你必須先算出明年的收支(按月排列)，再估計未來二到五年的財務狀態。市面上有數不清的電腦軟體可以幫你建立你的財務架構，要緊的是你要有遠見，預測未來二到五年的成長，並列出具體的財務數字。你要雇用多少員工？如果你有足夠的錢買存貨，你計畫賣出多少產品？先由下而上，綜合所有的小細節。算出你現在的客戶有多少，還要增加多少客戶？再由上往下，如果你有百分之三十的市場佔有率，營業收入是多少？你需要那些固定

經營祕訣

支出？沒有人會比你的判斷更準。我們要討論出公司的願景，你必須有遠見，才能帶領公司向前衝刺，並說服債權人或投資人與你並肩同行。

舉債——第一次申請貸款

有了經營企劃書後，便有了借錢的武器，你有東西可以證明給你的借款人看，銀行只關心他們是否能連本帶利拿回貸出的錢。有些人對這一點早已看透，有些人卻天真地以為銀行關懷女人與弱勢團體，幫助社會發展經濟，或想在快速成長的公司佔有一席之地，這些觀念都是不切實際的。

大部份的銀行對中小企業都採取緊縮政策，因為有太多的中小企業相繼倒閉，無力償還貸款。債權人不只想看到一份好的經營企劃書，確認你有還款能力，更要你的部份資產當做抵押。萬一你事業失敗，他們還有抵押品，這些可能是你的存貨、房子或不動產。銀行不願承擔風險，他們希望你將所有家當投入事業，以證明你的決心。如果你不把多餘的錢用來投資，他們會認為你的態度有所保留，不願全力以赴。他們希望你擁有雄厚的資本額以免陷入財務困境。他們一定會向你索取公司過去幾年的營運歷史，不要夢想銀

經營祕訣

行會貸款給一家毫無歷史的新公司，他們不會做這種無保障的生意。

銀行不一定要在你的經營企劃書上看到驚人的成長，事實上，他們喜歡看到穩健固定的現金收入。當你給銀行看未來的預測時，不要誇下海口，他們會將你的預估值納入合約，要求你達到標準。如果你不幸失敗，就會嚐到苦頭。他們不是要你增加抵押品，就是減少貸款金額。要記得銀行不會以公司的未來決定貸款的金額，他們在乎的是你過去是否有穩健成長的記錄，銀行要審慎評估以保護他們的投資，不是你的。

銀行的好處是隨處可尋，每一家銀行都列在工商分類電話簿上，你可依照電話簿的順序寄出經營企劃書，再打電話給每一家銀行中小企業貸款部主管。不要因為一家銀行拒絕就灰心，要不斷地嘗試下去。每家銀行對不同行業都抱著不同的想法。有時候時機反而主導一切，全憑銀行在此刻想不想增加放款金額。有時候人與人之間的緣份也很重要。銀行和大家想像中的不同，他們不過是像你我一樣的普通人而已。

如何爭取到第一位股票投資人？

經營祕訣

我不是指你的父母，他們想必已經站在你這邊了，我指的是以自己或大衆的錢來投資的專業投資人，他們通常期望可觀的投資報酬率。以某些角度看，尋求股票投資人，才是真正考驗你的事業是否可行的關鍵。評估一家公司事業的成長是否有前瞻性是他們的謀生之道，每週都得過濾幾百份的經營企劃書。他們的態度尖銳，從每一個層面來批判你的事業，尋找你的缺點。他們會讓你感到無地自容，最後寄一封信告訴你不符合他們的投資標準。相信我，臉皮薄的人絕對經不起挫折，鍥而不捨才是致勝的關鍵。

有時你需要找到合適的事業夥伴。有些投資人只投資高科技產業，有些人只投資大公司，有些投資人預設投資門檻，沒有一定的標準。這種行業不會列在工商分類電話簿上，唯有經過別人介紹才有管道，人脈關係很重要，不妨問問律師或會計師。一些大城市有一些創業投資人協會，可以提供你投資人名單，並舉辦創業說明會等活動，讓你有機會或找其他機會報告你的經營企劃書。

私人投資者是最難找的一群人，但卻是我最喜愛的投資人。這些人通常是事業有成的企業家，想從事投資。他們知道公司要如何收支平衡，也會提

經營祕訣

供你營運上的建議，不單只看你的財務報表。你可以主動在報紙上登廣告：「具有遠景的小企業尋找金錢贊助者。」

你不能責怪股票投資人對他們投資的錢斤斤計較，如果你失敗的話，他們可能損失慘重。如果你吸引到投資人，要記得你也放棄了將來的一部份利潤。如果你與投資人談不攏，他們的條件太刻薄，投資金額不足，你可以斷然拒絕。當你窮途末路時，絕非是找人投資的好時機。我知道這一點知易行難，但你要知道沒有人會投資在賠錢的生意上。從投資人的角度去想，你會願意拿著辛辛苦苦賺來的血汗錢去冒險嗎？眼看這一家公司除非現在就拿到錢，否則就會宣佈破產，你還願意投資嗎？當然不會，投資人看得出來你走投無路。當你豐衣足食，甚至不需要多餘的錢時，反而容易吸引投資人的注意。現實是殘酷的，我總是勸小型企業主先靠自己的力量渡過難關，等你克服困難後再出門募集資金。你可以減少廠商，向母親借錢，縮衣節食，忍痛解雇員工，先渡過危機再說。

不論你以貸款或股票籌募資金，你最終都在尋找對你公司有興趣的合夥人，他們必然想對公司的營運提出一些看法。和經銷商一樣，當你在選擇投

經營祕訣

資人時，先確定你們會合作愉快，人與人之間的和睦關係是成功的要素。任何一位創業投資人都會告訴你，他們投資的是人，而非事業。你要與他們分享公司的遠景，取得彼此的認同。拆夥是件令人不愉快的事，處理善後也很麻煩。對待你的投資人像合夥人一樣，雙方的關係才會細水長流。

本章摘要

- 募集資金的第一步是寫經營企劃書。
- 下一步是決定你要申請貸款（通常向銀行或投資人），或發行股票。
- 經營企劃書的開頭應做摘要說明，以吸引投資人的注意，讓人容易掌握要領。
- 說明你產品的市場規模有多大。
- 說明市場競爭力，按月列出你在未來五年內，將採取何種策略來超越競爭者。
- 申請銀行貸款時，銀行要看你過去幾年的營運歷史。
- 不要想以未來的營收估計來說服銀行。時機有時才是關鍵，如果一家銀行拒絕你，找下一家試試看。
- 要找到股票投資人必須仰賴豐富的人脈關係，持之以恆，不要輕言放棄。

第八章　危機處理

有時候危機會是轉機，端視你如何面對問題，當然，事前的防範也必須考慮周詳。面對危機，一定要保持樂觀，一旦認輸就會前功盡棄。

人生真是世事難料，我們不久前才忙著向銀行辦理貸款，快速發展，沒想到一轉眼我們就兩手空空，找不到可開店的城市，要以裁員來減少固定支出，維持生計。在裁員之後，原先他們的工作落到我和丹的身上。「心力交瘁」不足以形容我們兩人在這段時間的忙碌與壓力。丹每天趕著去裁縫師那裡。我搭早上七點三十五分的飛機到紐約為服裝店採購。我們連續六個月連那微薄的薪水都不領，只願多存一點現金，這一切是如何演變而成的呢？

從許多方面來說，我們為一時的成功付出了痛苦的代價。我們所授權的經銷商發展如此之快，等到我們有能力自己開店時，只剩下次級市場。在這些地方開店的成本和大都市是一樣的，但生意卻清淡很多。我們在波士頓熱鬧的大街上找到更好的地點，開了第二家店，但只是把第一家店的生意搶過來而已。我們在加州的哥斯大曼莎(Costa Mesa)開了一家店，可是客源遠低於位於洛杉磯的經銷店。同時，公司的庫存量急遽上升，大量吸乾我們手上的現金。

我們在自製的衣服上也出現品質控管的問題。公司的成長速度太快以致我們無法嚴格控制品質。我們的工廠太少，無法負荷所有的工作量，因此衣服品質一落千丈，讓經銷商抱怨連連。

最令人氣結的是，有一次我們最主要的裁縫師送來三百件無袖套裝，品質低落到令人難以想像的地步。衣服前面的縫口甚至不成一條線，針法歪七扭八。丹拆掉衣服外面的塑膠套，一件件仔細檢查，一件比一件更差。我痛心疾首地說：「我怎能將品質這麼差的衣服賣出去？」我對裁縫師大吼：「你非得一件件重新修補不可。」

我們花了一天時間檢查所有的無袖套裝，最後做出結論，這位裁縫師不只毀了三百件衣服，如果我們不及時阻止，他還會毀掉後面的兩、三千件衣服。我可以想見裁縫店的桌上放了大批剪好的布，裁縫師正準備縫製衣服，我們必須在他做出如無袖套裝般，品質低落的衣服前搶回所有的布料。我想到那些無法交貨的訂單，我要怎樣才能修補這些無袖套裝，還有那二、三千件未完成的衣服，丹說：「我要到裁縫師那裡，將所有東西要回來。」他找了取貨員來幫忙，賴尼跟他一塊兒出去。丹和他的助手坐上藍色的大貨車，開往裁縫店，拿回三千件在不同處理階段的衣服。賴尼直接回家，我想他無法承受這種壓力，誰能怪他呢？我不也是如此嗎？但我無路可退，只能硬著頭皮向前衝，不能打退堂鼓。

丹迫切尋找新的裁縫師，縫製品質佳的衣服，我們一定要保護公司的聲譽，生產高品質衣服，這是我們僅存的。市場上的競爭太激烈了，每次你一抬頭就看到有人加入競爭行列。Page Boy不斷增加職業婦女的衣服，他們在全國各地的購物中心開店，門庭若市。達拉斯有一家新店叫「豌豆莢」，我聽說他們背後有一家大型的創投公司在支持他們。他們的店如雨後春筍般崛起，店內專賣高價位的流行服飾。雖然他們的客戶並不以職業婦女為主，但無疑地與我的客源重疊。另外還有一些大型連鎖店，例如「休閒服飾」(Recreation)，也風靡一時，他們在俄亥俄州開了二、三十家店。此外還有三、四家，例如Diane's Design 以及Career Maternity Collection，他們幾乎完全抄襲我的郵購型錄。市場上當然還有SAKS和其他百貨公司，這些還不包括低價位的母愛公司，Dan Howard Factory Outlet和Mothercare。

雖然一開始我們以經銷店的經營方式，在市場上一枝獨秀，但市場競爭逐漸白熱化，迫使我們成長的腳步趨緩，銷售成績難以維持基本開銷。我們遇到了瓶頸。

一如往常，我們的財力不夠雄厚，無法突破困境。事實上，有些經銷店的生意做得比我們好，許多店開始賣其他品牌的孕婦裝。別的廠商對衣服售價並無一定限制，因此經銷商可以賺更多的錢。舉例來說，經銷商以二十五元的低價買進一些品質低劣的洋裝，再以一百元的定價賣出，每一件洋裝淨賺七十五元。反觀媽咪工房，每件孕婦裝的售價是一百元，成本是五十元，經銷商只能賺五十元。他們受限於百分之五十的利潤範圍，所有媽咪工房衣服的零售價都白紙黑字地印在型錄上，合約也明文規定他們進貨的價格為零售價的百分之五十，但如果他們買進別家公司的衣服就不受此限制，可以漫天開價。

基本上，這些經銷商打著媽咪工房高品質、高價位的名號賣低品質的衣服，賺取暴利。由於我們已授權經銷商在特定地區開店，我們便失去在那個地區開店的權利，無法賣出更多媽咪工房孕婦裝，這是我們當初授權經銷商時始料未及的，因此合約並沒有加入任何保護我們的條款。我們對此感到無奈，合約上唯一保護我們的條款是經銷商無論何時都必須依照型錄，在店內陳列百分之八十五的媽咪工房服裝。除此外，他們可以無限制地賣其他品牌的孕婦裝。

經銷商的生意做得很不錯。他們不需要大量的固定支出，不需要持續成長以達到某種獲利水準，不需要在特定地區加開新的服裝店。他們雖然有創業精神，但企圖心不如我們來得強。他們很容易滿足現況，不想冒險再開新店。他們許多人一生從未想過會賺這麼多錢。而我們必須投注所有的錢來開二、三間新店，並且買大量的存貨來支援新的服裝店及整個經銷網。很不幸的是，我們的固定支出已超出我們的收入，費用不斷增加，包括會計師和律師費用在內。我們也必須提高廣告費來對抗競爭者，我們的人事費用高得嚇人。在所有的開銷之外，我們還要按月繳付銀行貸款。我們無力籌募更多的資金。我的意思是，投資人要投資什麼呢？未來公司要如何成長？我們能提供過去幾年的獲利狀況嗎？我們唯一能做的是重新評估、重新整合，公司必須開源節流，重新出發。

對我們來說，最困難的一件事是我們不得不裁員，包括主要的員工在內。賴尼是第一個，再來是維妮莎和瑪麗安。我們要節省支出，員工通常是第一批被犧牲的人。這是我生平第一次請人走路，心中痛苦萬分，我真的不願意看著他們失望的眼神，我不願意被擊垮，但除非我們能提高現金收入，否則公司難以維生。我和丹自開了自己的第一家店才開始支薪，但在此緊要關頭，我們兩人都停止領薪。這時候我不但荷包空空，自尊心更受到空前打擊，我們用裁員後所省下的錢請了一名助理。

我很遺憾地說這不是公司最後一次裁員以節省開支。業績成長總是起起伏伏，有時候根本無法維持固定的人事成本。你必須善於控制成本，維持公司的營運，才能讓其他員工安心工作。看到這麼多對公司有貢獻的人被迫離去，我的心中滿是愧疚。我常覺得自己像一隻垂頭喪氣的老鼠，倉庫那種灰頭土臉的生活只不過在提醒我，原來創業者的生活是如此艱辛。

我和丹又奮力一搏，存活下來。我感謝上帝賜給我們一對好父母，他們在我最需要的時候照顧我的小孩、家庭和生活。我和丹極少需要輪流做晚飯，父親送我的孩子上托兒所，放學後接他們回家。丹負責與裁縫師接洽，我則定期飛到紐約採購，也負責存貨管理。

我又慢慢恢復了自信，每天試著尋找各種小機會來發展事業。我堅定相信如果我努力不懈，一家店接著一家店開，就會擁有一片天空。在缺乏投資人贊助的情況下，我們想盡辦法突破窘境。

我們想出各種新點子取得資金，其中一個辦法是股票上市。

我們的股票上市計畫是這樣的：我們公司的營收只有三百萬元，但如果我們將二十家媽咪工房的經銷店加在一起，營收則高達一千五百萬元，足以到達上市的標準。讓我們聯合所有經銷商，加上公司旗下的店和郵購事業，成為一家股票上市的大公司，人人都可分享利潤。團體的力量絕對會勝過單打獨鬥的力量，讓所有人致富。二加二等於五，很明顯地，沒有單獨一家媽咪工房經銷店可以大到股票上市的規模，但如果我們將所有的資源結合起來，就可以群策群力，達到目標。我和丹有一天拿起電話打給所有的經銷商，將這個聰明的點子告訴他們，但我只落得空歡喜一場。這些人不願意放棄現況，他們不相信別人有能力來經營他們的店，他們絲毫沒有與別人合作的意願，每個人都覺得自己的店比別人有價值，管理得也比較好，他們喜歡當小企業老闆。

我們忽然想到「蛇吞象」的主意。我們想收購一家大型的同業公司，如此一來，公司的規模可迅速擴大，吸引新的投資人。我們想到一家不錯的公司，這家公司的總部位於費城，在賓州和紐澤西共擁有五十家孕婦裝店，另外還有六、七十家賣一般服飾的大型服裝店。他們的衣服售價低於我們，這會使我們改變經營策略。但他們的收入超過三千萬元，可大大提昇我們公司的收入，讓公司邁入全新的領域。但我們畢竟只是一家三百萬元的小公司，有何膽量去找他們呢？我想我們沒什麼好損失的，至少我們可以學習別家孕婦裝公司的經營之道。

那家公司的老闆答應接見我們。有一天我們開車去她的辦公室，那是一棟美麗的辦公大樓，前面是一片修剪整齊的草坪。接待員帶我們去她那明亮的辦公室。我們站著等她進來，我忽然膽怯起來。我們等了很久，最後她終於踏著輕鬆的步伐走進來。她的年齡大約五十五歲，屬於短小精悍型，身穿粉紅色的絨絲毛衣，腳上穿著白色的牛仔靴子。「坐下！」她一聲令下，手指著一排椅子，我頓時張口結舌。這個女人在發號施令，她的穿著隨心所欲，指揮若定。我們恭敬不如從命，坐在藍色的皮椅上，我仍然目瞪口呆，丹趕緊接開口：

「妳的公司很有規模。」丹說。

「是的，這是我一手建立的公司。服裝市場的競爭很激烈，但你們似乎找到別出心裁的方式來吸引客戶。」她的讚美讓我受寵若驚。我望了一下辦公室，瞄到她在書桌上的那堆刊物中有一本我們的型錄。這個女人心細如絲，不會錯過任何資訊。

「我們在尋找機會，好讓公司成長。」丹說：「我們想與其他行業聯合起來，用策略聯盟，資源共享，甚至合併的方式。」他說話很有技巧。

「或許我們有機會可以購併妳的公司。」我衝口而出，讓我們開門見山，有話直說。

老闆看著我們，臉上先是微笑，然後大聲笑了出來。「你說相反了吧！我才應該將你的公司買下來。」

她的話是對的。我們已經道出來意，也準備告辭了。但丹很有禮貌地又談了幾分鐘。她請別人帶我們參觀她的公司，讓我們羞愧得無地自容，落荒而逃。

好吧！我們碰了一鼻子灰，回到辛苦的鹽礦吧。每天做相同的事，製造衣服，看看那些是暢銷品，再多生產一些。控制固定支出，和倉庫的人合作，教他們如何有效率地工作。加買最暢銷的棉布襯衫，和布店老闆討價還價，要他每碼布少收我們二角五分。反覆做那一千件事情，腳踏實地，辛苦耕耘。

天有不測風雲，火災發生了。大火在我們倉庫旁邊的那一棟大樓開始燃燒。丹正從紐澤西的裁縫師那裡開車回來，經過富蘭克林大橋，在橋上看到天空黑色的一團濃煙，彷彿來自成衣區。他比我早一步發現火災，我人在屋內處理一天的雜事，準備在四點前將貨送到UPS快遞公司手中。我們聞到濃濃的煙味，然後聽到消防車的聲音，接著我們大樓的火警鈴聲大作，救火員到每一層樓來疏散人群。五層樓的所有住戶紛紛走樓梯下去。當我下樓時，丹正好在停車。我們站在大樓的馬路對面觀望，火焰從倉庫旁邊的另一棟大樓開始蔓延。二棟大樓之間有一個小巷子，但火勢一發不可收拾，迅速蔓延到我們的倉庫。警察圍過來驅散街頭的民眾，封鎖整條街，我們完全插不上手。

我們的家當全繫在那間老舊的倉庫上，我們大概有一百萬元的存貨留在那裡，如果全部毀於一旦那該怎麼辦呢？我們有保險，但理賠的金額有多少？五十萬？一百萬？大部份的錢會落到銀行和投資人手中。我辛辛苦苦工作五年，怎能眼睜睜地看它付之一炬？我們要怎麼做才能彌補損失呢？重新製做衣服要花上好幾個月的時間。我們在吃晚飯時看到電視晚間新聞所做的火災現場報導，我們心急如焚，希望救火員趕緊將火勢控制下來，我再也不會抱怨繳那麼多稅給市政府了。

大約八點鐘的時候，丹變得心神不寧。「讓我們過去看看那邊的情況。」我們回到貨車上，心想附近的街道一定交通管制，因此將車停在幾條街外。當我們走到倉庫時，救火員仍奮不顧身地救火。警察將整棟大樓封鎖起來，周圍的人忙得不可開交。救火員拿著水管從每一個角落噴水，但這棟著火的大樓依然在冒煙。倉庫那一片面對起火大樓的窗子被燒得一片焦黑，救火隊拼命在大樓失火的那一面搶救。我可以想見我們的衣服被煙燻污，慘遭浩劫。強烈的黑色濃煙從破碎的窗子飄到我們的大樓內，幸好大樓本身逃過一劫。

在一片混亂之中，我和丹悄悄穿過了警察的封鎖，爬到五樓的倉庫。屋內因為停電一片漆黑，幸虧丹帶了手電筒來。我們在上樓時經過救火員的身旁，他們忙得無暇注意我們。當我們到達五樓後，才發現損失有多慘重。我們試著走到燒焦的窗子那邊，但窗子籠罩在濃煙下，熱氣從隔壁的大樓飄過來，我看到靠窗的一些洋裝。天哪！那是我們最暢銷的五〇一A號洋裝，我們昨天才收到那一批貨。我手上還有好幾張訂單尚未交貨。丹使勁地將架子上的衣服抓下來，扔到倉庫的另一端，遠離窗口。我們花了五到十分鐘將窗戶旁邊的衣服挪開，然後被救火員發現。

「你們在上面做什麼？」他對我們大喊：「你不能留在這裡，所有人都要撤離這棟大樓，這裡是火災區。」

我手中又抓起一把襯衫，朝著門口走去。當我們下樓後，我們看見幾個身穿西裝和大衣的男人東張西望，其中一人向我們走來。

「你是住戶嗎？」他問：「你需不需要保險理賠人？」

我不回答他的問題，只問：「那是什麼？」

「我可以幫你討回理賠金。」那個男人回答：「我可以比任何保險理賠人幫你討回更多理賠金。」他遞給我一張名片。

他在說什麼？我們為什麼需要他？我已經付錢買保險了，為什麼連他我也要付？等我們穿過擁擠的人群時，手上已經拿了三張保險理賠人的名片。

我們回家後，整個晚上都擔心不已。雖然我們的大樓沒有成為一片廢墟，但我們的倉庫及存貨卻明顯受到損壞。保單說財物損失可以抵稅，這對我們是件好事，但最先的五萬元損失並不包括在理賠範圍內。我不敢相信這種慘劇竟然發生在我身上。

我們隔天到達倉庫時，救火隊已經離去。大樓仍然停電，我們爬樓梯上去。每一樣東西都被覆蓋在濃煙中，地上有消防水管流出來的水。我們翻遍衣服，看看損失情形到底有多嚴重。幸虧每件衣服都有塑膠袋包著，因此濃煙沒有滲入衣服，但許多衣服放在窗子附近，外面的塑膠袋已經溶化了。幾乎每件衣服都有煙味，我們很難賣掉這些衣服。我們決定打電話給前一天晚上遞名片給我們的保險理賠人，看看他們有什麼解決的辦法。理賠人在二十二分鐘內隨即趕到現場。

他陪我們在屋內走了一圈，察看受災現場的情況。他要求看我們的保險單，一邊走一邊讀，然後他問了我一些問題，例如衣服的成本及市價各是多少。

「你的保險範圍很完整。」他說：「理賠大概有十萬到二十萬，我只抽理賠金額的百分之十。」

我聽到他的話大吃一驚。我連想都沒想到我們可以開口要求那麼多理賠金。我的意思是，如果我們仔細算一算，除了塑膠袋上有煙味的衣服，真正的損失並沒有那麼多。我和丹退到一旁，私下商量一番。如果我們請這個人代表我們出面向保險公司索賠，我們顯然沒有什麼好損失的，反正我們也不想跟保險公司打交道。討論完後，我們回到他的面前。

「我給你百分之八的佣金。」我說。

「百分之九，一言為定。」他伸出手，我們握手示意。

我們花了一整天的時間打掃整理。保險理賠人希望我們維持受災現場，直到保險公司人員親眼看見為止，因此我們等了一個多月才恢復運作。當一切程序完成時，我們收到了一張十七萬六千四百三十三元八角九分的支票。看起來災難事件比經營生意還容易賺錢。是的，我們損失了大批存貨，但火災也幫我們消化了多餘的存貨。

那一年真是流年不利，怪事連連。在大火之後，匹茲堡的經銷商希望我們將店買回去。這一家經銷店與別人不同，是由一家匹茲堡的醫院經營。這家醫院的婦產科規模很大，院長的想法新穎，擅長行銷，他成立孕婦教育中心，為準媽媽開闢座談會和課程，也提供其他服務。他認為開媽咪工房服裝店賣孕婦裝可以讓服務更加完整。他以專業手法經營這家店，聘請一流的零售店主管來管理服裝店，並購置大量存貨。他們花了大筆預算登廣告，在新媽媽手冊中夾放一份型錄。這一切看起來都很自然，他們唯獨缺乏賺錢的概念。他們過於重視服務，以致忽略了開店的目的是為了營利。他們的固定開銷太大，超出負荷，他們不願勇敢面對問題，找出對策，只想將燙手山芋丟給我們，我們當然樂意接手。他們雙手奉上存貨，我們只須承租店面即可。

我們又增加了一家店，但我們需要更多的店。我們不能守株待兔，等經銷商頂讓店面，我們要自己想辦法賣出更多的衣服。越來越多的經銷店靠著其他廠牌的衣服成長。我們決定出其不意地去抽查他們，看看他們有沒有遵守開店的標準——店內展示百分之八十五的媽咪工房型錄上的衣服。我們決定實地檢查，帶著我們衣服款式的清單，看看他們是否通過考驗。畢竟我們沒有別的方式可以得知內幕，而公司的業績成長完全仰賴經銷商。我們知道經銷商訂了多少貨，但我們無法得知他們到底銷售了那些衣服。由於他們可以無限制地展示其他廠牌的衣服，我們不知道媽咪工房的銷售額與其他品牌銷售額的比例，如果不親自到店裡清點一下，我們永遠不會知道實情。

大部份的盤點工作都是由我操刀的，較偏遠的店則由會計師幫我們盤點。我飛到好幾個城市出差。大部份的人都願意與我們配合，不願意配合的人說他們自己盤點比較正確。費城的店低於標準太多，我堅持如果他們想繼續開店的話，就要馬上改善現況，但他們可從別家廠牌的衣服賺取暴利，因此不願改變現況，最後我們決定不再與他們續約。他們後來更換店名，重新開張。

現在我們有了機會在費城開店，希望闖出一番轟轟烈烈的大事業。費城是我們努力最久才爭取到的城市，我們想實驗新的做法：在購物中心開店。無論大人或小孩都知道美國人喜歡到購物中心購物，但我們一直被購物中心昂貴的租金嚇得打退堂鼓。另一方面因為我自己並不是購物狂，無法想像購物的人潮。我一直住在城市，卻從不到購物中心逛街。最近華盛頓的三人小組在購物中心開了第二家店，成績斐然。如果他們可以創下如此佳績，想想橫跨賓州、紐澤西、德拉威州的普魯士宮廷購物中心。Page Boy孕婦店在那裡成功出擊的事實鼓舞了我們的信心，決定放手一搏。我們用火災理賠金在購物中心開設第七家店，等待開花結果。

為了節省租金，我們租了大約六百四十二平方公尺的小店面。反正我們每天都會補足存貨，不需要預留太多空間，以存放每一種款式的存貨，甚至連儲藏室都不要。我們善用每一寸空間做銷售之用，將衣服往牆上移。當客戶決定購買某一件衣物時，店員再將衣服勾下來。店內的生意好得超過我們的預期，在這麼小的空間內，我們第一年就賣出六十萬元的衣服。雖然這家店的租金最高，卻是公司旗下七家店中最賺錢的一家。儘管以孕婦裝來說，在兩百個經過購物中心的顧客中，只有一個用得上我們的產品，我們依然見識到洶湧的人潮對業績有多大助益。古老的商業法則在我們身上同樣得到印證：地點、地點、地點——三個在房地產和零售業最重要的因素，我們花了好大力氣才學會這門功課。

我們越來越清楚成功之道便是自己在購物中心經營服裝店。經銷商對人生的看法與我們截然不同。以往我們認為授權別人開店是個高明的點子，現在卻成為成長的絆腳石。我們賣出了經銷權，現在承受苦果，如果一開始就對自己的理念有信心，如果我們一開始就在普魯士宮廷開店，如果這樣，如果那樣就好了，但後悔已經太遲，而面對現實、整裝待發、不要感嘆過往才是最重要的課題。

一九八六年就要結束，真是忙亂的一年。我們又重新調整步伐，蓄勢待發，至少我們已經能有效控制費用。那一年我們勉強賺到了一點錢，我不再日以繼夜忙得焦頭爛額。我們的生意越來越穩定，正等待著下一次機會。我們知道未來的方向，這是第一步，剩下的問題是我們要採取什麼行動，沒想到答案來得比我們想像中還快。

經營祕訣

如何處理災難和危機事件──事先防範

災難發生不足為奇，問題是何時發生。每一家公司遲早都會面臨考驗，同樣的問題會在你意想不到的情況下出現。有時候危機就是轉機，全視你如何看待問題。有時候你可以事先防範，買保險，儲存電腦備份，使用後援系統。俗話說人算不如天算，有些災難不是你事先所能預測的，例如戰爭。我很遺憾地說我曾面對過無數災難，最重要的是保持樂觀，一但你認輸，就前功盡棄。

絕大部份的災難事件都會造成財務損失，因此手上準備好足夠的現金極為重要。這一點對我來說相當困難，每當我有多餘的現金時，總是想投入新的計畫，例如開店或買存貨。現在公司有了規模，我們建立起制度，善用手中有限的現金，積少成多。及早準備好現金或信用額度，以備不時之需。

當災難降臨時，你可能驚慌失措，但你比任何時候都需要保持冷靜，振作精神，領導你的員工。要記得他們也是受害者，但他們不像你有權支配一切。有件事很重要，你要確實和員工溝通，讓他們知道災難對公司造成了多大的損

經營祕訣

害，你如何應付問題？隨時讓他們掌握最新進展，不論情形是好是壞。在災難發生時，最可怕的是得不到訊息，掌握實情永遠比憑空猜測來得好。

你不需要每一種保險都買，但至少要買基本的保險，這筆開銷絕不會讓你後悔。找個時間和你的保險顧問談一談，決定公司需要買那一種保險，善用你的判斷力，過濾掉不重要的險種，只留有價值的險種就好了。地震險？在舊金山或許有必要。產物險視個人情況而定。我從前以為賣衣服的公司不需要它，但在一次意外情況中，我卻深深體會它的重要性。某些行業，例如玩具店和製藥廠，一定要保產物險。

我無法一一詳述所有的災難事件，在此僅列出一些常見的災難，與讀者分享我個人的經驗。

火災與其他天災

我的公司曾發生過三次火災。我們在洛杉磯的店面因地震而受到嚴重損失；邁阿密的店受過颶風蹂躪。我們每一家店都有保險，財務損失你可以得到賠償，但公司無法運作下所造成的損失則無法估計。公司有形的資產一定要保

經營祕訣

險，當災難發生時，沒有保險是最悲慘的事。如果你有債權人或投資人，他們一定會堅持要你保護公司資產，你也應該抱持相同態度。你應該將精力集中在恢復公司的運作上，而不是對財物損失搖頭嘆氣。如果你的賠償金額很可觀，我大力推薦你找保險理賠人，他們對於絕大多數的保單都瞭若指掌。他們會為你爭取到應得的理賠金，我絕不會在沒有他們的陪同下單獨前往保險公司。

產品責任險

最好的產品都有出紕漏的一天，這可能會讓你大吃一驚。多年前我打了一場官司，我店裡的一位經理在我不知情的情況下，私自以賣嬰兒搖籃當做副業。有一個小嬰兒睡在搖籃裡，後來得了突發性死亡。雖然我從未見過此嬰兒搖籃，但由於顧客是在我店內買搖籃的，因此媽咪工房吃上了官司。她為了追究責任，上法庭告了公司一狀，幸虧店內經理為嬰兒搖籃保了產品責任險，保險公司主動為我們出面打官司。多年後這場官司以些微的賠償金收場。這件不幸事件證明，某些商業風險是無法事先預知的，只要做生意，就有風險存在。

經營祕訣

公關

媒體可以讓事情鬧到不可開交的地步，讓你產生無力感。當嬰兒突發性死亡發生的那天，我那不幸的服裝店經理在早上出門時，被電視台的工作人員以及報紙記者圍住，她被形容為殘酷無情，應為此事負起一切責任，幸好她不畏首畏尾，冷靜回答媒體的問題。媒體可能在打電話給你之前就已寫好報導，但至少你有機會表達立場。受訪者願意公開說明，誠懇地回答所有問題，致上同情之意，總比冷冰冰地說一句：「不願發表意見」來得好。有時候當記者聽到你的解釋時，可以改變他們先入為主的印象。如果你的公司的確犯錯，最好的方法便是公開道歉。我知道大公司喜歡聘請公關公司，避免和媒體正面接觸。如果你不喜歡和媒體打交道，怕造成反效果，這個方法值得一試。對小公司來說這可能不符合成本效益，最好的策略便是與媒體進行溝通，誠實以對。

電腦當機

現代人幾乎個個都依賴電腦，我們當然也不例外。只要電腦一當機，公司

經營祕訣

就無法正常運作。為了保護電腦資料，我們發展出一套完善的計畫。我們有兩台大型電腦，當其中一台電腦當機時，另一台電腦就可以暫時派上用場。一台電腦置於大樓的東南方，電話線和電線連接至一台變電箱，另一台電腦則置於大樓的西北，連接到另一台變電箱，並使用不同的電話交換機。如果一架飛機墜落在樓頂上，損毀了一台電腦，另一台電腦則可倖免於難。我們每一天、每一星期都將所有的資料，包括工作地點之外的相關資料在內，另外儲存一份。當我們的公司剛成立時，我和丹每天都親自將備份磁碟帶回家保管。我們從未經歷過電腦當機，希望這種情形將來也不會發生，但如果意外真的發生，我們早就有了因應之道。

產品災害損壞

最近有人寄了一份履歷表給我，應徵衣服收購和生產的工作。她在履歷表上面提到她以前的公司有一批毛衣出了差錯，重量不足，她將此錯誤化為另一個商業契機。她找廠商談判，訂出新價格，以不同的經銷管道賣出。在此過程中她為新產品想出了一套強而有力的行銷計畫。我對她的敘述印象深刻，馬上拿起電話打給她，約她面試。她不但勇於承認當時的錯誤，更將危機轉為商機。這是你在生產過程中，遇到問題時應該抱持的態度，不要欲蓋彌彰，這對情況毫無幫助。最壞的情況也只是將產品報廢，重新生產，但絕不要將低於標準的產品寄給客戶，這會毀掉你的信譽。

人生難免會發生意外事件，知道其他人也和你一樣，想辦法對抗那不可預知的意外會讓你好過一點。但如果你下定決心，屹立不搖，就可以克服困難，並且越挫越勇。

經營祕訣

本章摘要

- 災難事件不可抗拒，重要的是手上要保持足夠的現金。
- 如果你想高枕無憂的話，一定要為公司買保險。
- 產物保險絕對有其必要性。
- 如果你的公司捲入訴訟事件，要從容面對媒體，讓自己有機會表達立場。
- 你必須有電腦後援系統，以防止電腦當機。
- 如果你的產品在生產過程中出了問題，千萬不要將有瑕疵的產品寄給客戶。

第九章　談判勝利

談判是一種藝術，沒有一定的規則可循。由於談判的對象是人，因此了解整樁交易的重點和對方的想法，才是致勝的關鍵。

在一九八七年來臨前，我又重新開始支薪。我和丹在那一年決定放自己一次假。我們參加地中海渡假村的行程，愛瑟克和喬希留給祖父母照顧。我們買的是套裝行程，假期長達一週，星期六出發，下個星期六返回。我們買的是廉價機票，旅費也是固定的。假期的第一天真是令人流連忘返，沒有孩子，沒有工作。我們星期一打電話回公司給葛塔，她問我一些訂布料的問題，然後開心地回去工作。財務長問一些關於支票的問題，想知道他應不應該寄出支票。我和丹坐在海邊，話題忽然轉到孕婦裝上面，到了星期三，我們的海灘假期好像在坐牢。我們在這裡幹嘛？丹一向不喜歡沙灘和海浪，我們兩人都想回去上班。我打電話給航空公司問問看我們是否可以搭早一點的班機。由於我們訂的機票是不可退費，不可轉換的票，因此我們多花了五百元，改搭星期四早上的班機飛回家。用「工作狂」來形容我們實不為過。當你是為自己而工作時，工作和生活早已密不可分。

我回到工作崗位，心中鬆了一口氣。我們又開始仔細推敲，在沒有經銷區的情況下要如何拓展事業。不久後舊金山的經銷商便打電話給我，解開我心中的疑惑。她問我想不想將經銷店買回來？我試著不動聲色。

「我不知道。凱特，妳有什麼打算？」

「我們並不是不喜歡開店，妳知道我們的店很賺錢，只是維吉尼亞和泰德要離婚了，維吉尼亞急需現金，因此她想賣出股票。我在考慮要不要回投資銀行上班。妳知道我在那個領域也賺了不少錢，我們在這裡只不過是想尋找其他的發展機會。我知道妳和丹很想在這裡開店。」

我請凱特寄給我一些財務資料。我要看看她過去幾年的損益表和資產負債表，再決定划不划算。我掛上電話，笑逐顏開。我不知道如何籌措這筆錢，但我知道一定有辦法解決。

我一拿到凱特寄來的資料便仔細研究上面的數字。我打電話給銀行，問他們是否可以貸款給我，他們似乎並不反對。我用電腦軟體計算出如果我以經銷商每個月現金收入三倍的價格買下這家店，是否還能有足夠的錢繳付銀行貸款，答案是肯定的。站在凱特的立場想，她要的是現金，不要分期付款，也不要媽咪工房的股票。這家店由我親手經營，比凱特經營更能賺錢的原因是我的進貨成本比她低。凱特必須向我訂貨，我在貨品成本上加了兩成再賣給她，如果我直接在店裡賣貨，整個服裝店的成本必然降低，多賺的錢剛好可以支付銀行貸款，在付完貸款之後，服裝店仍然有盈餘。

我打電話將我的計畫告訴投資人。既然我們現在有了投資人，這麼大宗的併購案必須先徵求他們的同意。我以為他們一定會馬上答應：「好啊！去做吧。妳的想法很棒。」但我卻大失所望。

他說：「我們應該在下一次的董事會討論此事，妳靠經銷商賺了很多錢，自己開零售店是另外一回事。在妳買回經銷店之前，我們必須了解這對公司的未來有多大影響。」

我簡直不敢相信我的耳朵！我不想等到下一次開董事會才決定，我想現在就進行此計畫，免得凱特反悔。我打電話給另一位投資人，他贊成我的想法，但他也希望先看看財務報表，再召開董事會。

我說：「我們可不可以召開臨時大會以爭取時效，明天好嗎？」我們以前一有了好的想法便立刻採取行動，現在我必須先遊說投資人，再說服銀行，最後向凱特說明如何進行交易。事情越來越複雜了，而我們必須先整理財務報表。

此筆交易的財務報表摘要如下：

損益表

	經銷店	公司
營業收入	450,000	450,000
進貨成本	(55%) 247,500	(35%) 157,500
毛利	202,500	292,500
信用卡款項	(3%) 13,500	(3%) 13,500
權利金	(3%) 13,500	
租金和費用 (含薪資、廣告費等)	90,000	100,000
稅前盈餘	85,500	179,000

購買價格

經銷商現金收入的三倍：

3 * $ 85,500 = 256,500

金錢來源

銀行貸款	200,000
現金	56,500
總計	256,500

貸款繳付方式

商店稅前盈餘	179,000	
第一年8%利息	14,320	
本金年償還額	66,667	(三年分期付款)
每年現金收入	98,013	

我們終於開了臨時董事會，向股東說明我的想法，獲得他們一致的同意。我跨越第一層障礙，接下來我和銀行開了一場會議。他們也同意我的計畫，我又跨越了第二層障礙，緊接著我打電話給凱特，說明我的提案。她的服裝店年收入為四十五萬元，稅前盈餘為八萬五千五百元(不含折舊)。他們沒有銀行貸款。我告訴她我會付稅前盈餘(不包含利息、折舊)——純現金收入三倍的價格給她，即二十五萬六千五百元。

沒想到凱特竟然遲疑不決。

「我不知道為什麼我要這樣做。」她說：「如果維吉尼亞沒有離婚，我決不會賣出這家店。我們花了這麼多心血，我真捨不得放棄它。我知道妳的股票將來會上市，妳會大賺一筆，而我一毛錢都分不到。」

我不敢相信她說的話。在我花了這麼多功夫後，她竟然出爾反爾。我不能順應她的要求，給她更多的現金，我只能付她合理的價格。如果我要提高價格，我必須先說服銀行，借到這筆錢，還要取得股東的同意，但他們一定會反對我如此做。而且就算我多給凱特五萬或十萬元，她也不會滿意，她真正想要的是股份。雖然她現在賣出服裝店，但她不想錯過媽咪工房未來的成長。她在投資銀行上班，看多了客戶投資在成長迅速的公司上，因股票上市而大發利市。

「凱特，我知道該怎麼做了。」我說：「我的股東只花十元就可以買下媽咪工房的股票。他們期望在未來的五年中以五到十倍的價格賣出。」我感覺到她的心在發癢，我抓到了她的心思。「我給妳股票認購權，在未來的五到十年內，妳可以隨時以每股十元的價格買五千股。妳現在不必出錢，如果三年後公司股票上市，每股價值一百元，妳可以執行妳的權利，現賺五十萬美金。」

她假裝在考慮，但我知道她心動了，她幾乎一口就答應。我學到了一項很重要的談判技巧：了解對方的需要。我只放棄一小部份的權利，但對凱特來說卻無比重要，這樣的條件比直接給她現金更具吸引力，況且我一時也無法湊足那麼多現金。

當我們買下舊金山經銷店的時候，我們買的不只是市中心一家營業收入達四十五萬元的服裝店，我買下的是超過五百萬人口的地區。我們進入了位於舊金山外Palo Alto區的高級美國購物中心，這裡的人潮川流不息。

我們需要更多的錢才能開更多的店，如果我們不能把握時機擴大營業，再多的市場，再多的購物中心也是枉然。

我的下一筆資金來自兩家創投公司，整體規模分別是一千萬和二千萬元。他們成立基金專戶，專門投資高風險、高報酬的新公司。雖然我們已有兩位私人投資者，但他們的投資性質不太一樣。他們投資的錢來自本身、私人朋友和生意上的朋友，比較屬於玩票性質。創投公司的基金規定很嚴格，他們要求你公司的股票在五年內上市。如果你無法達成目標，他們便有權收購你的公司，再轉手賣出以賺取暴利。他們委婉地稱此為「出場政策」。他們的用意其實很明顯，你的公司最好如預期成長，不然就會被賣掉。

我們總共募得兩筆創投資金，投資金額總共是七十萬。其中一位基金經理人是女性，她在懷孕時曾穿過媽咪工房的衣服，再度發揮老客戶的力量。現在我們每個月開一次董事會，預估未來的成長，報告財務狀況。我們要成長，要賺錢，壓力很大，但這是我們的夢想。

我們的倉庫又搬了一次家，再度解決空間不足的問題。我們需要卸貨區及貨櫃電梯。這次我們終於決定將二樓的辦公室和倉庫同時搬到新地點，合併為一。到目前為止訂單輸入員和會計人員一直在我家上班，好讓我就近照顧愛瑟克和喬希。搬家後我不能在家工作了。以前雖然我大半天的時間都跑到倉庫去，在家工作的時間並不多，但現在我必須親口承認「我不在家工作了」，也許這是讓我想再度懷孕的原因，以證明我有能力當個好母親；或許我已經快滿三十五歲，時間緊迫；或許我們太愛小孩了。不管如何，事情已經發生，我懷了第三胎，丹恨不得我們有四、五，甚至六個小孩。我的媽媽欣喜若狂。至於我的父親，他早就以身作則，我的父母共生了六個小孩。

唯一不高興的是投資人。他們在我的公司身上投資了一百萬美金，不希望我離開工作崗位去生小孩。他們實在太杞人憂天了，第一，懷孕讓我重新體認客戶的需要；第二，我懷孕後連一天早上都沒有請過假。克莉絲汀娜在星期五下午出生，我在星期天出院，星期一下午丹打電話來問我的身體舒不舒服，是否可以去看服裝設計圖。媽媽開車載我過去，有小孩的母親是不容許休假的。

我想教投資人一件事，有小孩對事業來說並不見得是壞事。為人母讓我學到以前從未想到的功課，我不但學會安排事情的先後順序，也從照顧家庭和訓練新生兒上學到管理與談判的技巧。我最近在ABC電視網看到派翠莎・克魯雪爾(Patricia Fili-Krushel)，她針對職業婦女說了一段話。她本身有一個六歲和一個八歲的小孩。有人問她：「身為母親是否讓妳成為更好的管理者？」她回答：「是的，這讓我的談判技巧更上層樓。」今天她管理ABC電視網的節目部、公司的關係企業、行銷和廣播部。我們看到身為兩個小孩的母親並不會妨礙她的事業。對孩子的責任感會幫助父母的人格更加成熟，讓父母學到許多管理技巧，並帶到工作崗位上。

我用一套新的方式來照顧克莉絲汀娜。我親自哺乳，每天都帶著她在身邊。我早上將她綁在車後座，三個人一起開車到新辦公室。我的辦公室有一張沙發床，我只要將沙發床打開一半，便可成為克莉絲汀娜的小天堂，她玩得不亦樂乎。我在她身旁開會、工作，她一點也不會吵到我們。我抱著她在辦公室和倉庫走來走去，時間到了就當場哺乳。雖然公司業務繁重，加上買下經銷店和自己開店的事務讓我比以前更加忙碌，但克莉絲汀娜似乎毫不費力就能融入我們的生活。這次我有了經驗，事先做好心理準備。我知道如何管理時間，兼顧事業與家庭。我也做好心理建設，和小孩建立親子關係，不再因為無法陪伴她而愧疚。我知道當我心平氣和時，週遭的人都能感受到愉快的氣氛，包括克莉絲汀娜在內。最近她忽然平靜地對我說：「我希望長大後像妳一樣。」我緊緊抱著她，壓抑內心激動的情緒，沒有什麼比這句話更讓一個母親感到欣慰了。

當我們買下舊金山的經銷店後，其他機會陸續出現。首先我們運用創投基金在現有的地區增設新店。我們在Palo Alto購物中心開店，正如我們所預期，這家店創下傲人成績。我們又相繼在邁阿密和底特律開店，不久後其他的經銷商紛紛打電話給我們詢問他們是否也有機會將店賣出。他們眼見凱特和她的合夥人大賺一筆，他們也想分一杯羹。我分別和每一家經銷商單獨協議，談好交換條件，儘量讓每個人都滿意。每次要買回一家店時，我都列出損益表，看看銀行可以貸給我們多少錢，不足的部份再另外想辦法。有時候在簽約時，我們給經銷商第二順位抵押權，並以分期付款的方式支付買店金額。「第二順位」指萬一媽咪工房宣佈破產時，銀行有優先權利拿公司的資產當抵押品，剩下的資產才輪到經銷商。但只要我們的店正常營業，經銷商便可以定期領到我們所支付的款項。

有幾次在買回經銷店時，我們找到了投資人，用投資人的錢付給經銷商。雖然投資人只有第二順位抵押權，但我們給他們股票選擇權。由於每一家經銷店都很賺錢，我們一買回經銷店便使現金收入立刻大增，可以申請更多貸款。我們不願意賣出更多股票，因為再過一、二年公司的淨值便會大幅上揚，我們不願將股權稀釋，因此貸款是較佳的選舉——向銀行、向經銷商、向新的投資人。但此時經銷店不是唯一的挑戰而已。

八○年代末期上班族服飾的趨勢正在改變，流行樣式成為時尚。藍色的海軍裝當道，「色彩柔和」的服裝在市場上獨領風騷。我們必須改變設計樣式才跟得上流行腳步。媽咪工房的店名也不討好，聽起來只限於上班穿的正式服裝。Page Boy的衣服款式越來越俏麗；有創投公司在背後撐腰的「豌豆莢」在各處快速蔓延，市場上傳聞他們有些店一年的業績可突破一百萬美元。我們必須打入流行孕婦裝的市場，才能保住生存命脈。

幸運之神終於降臨，我們有機會打入流行孕婦裝的市場。一如往常，這次機會也是由許多小事串聯在一起，逐漸形成天時地利的大好機會。整件事由一通電話揭開序幕。雪莉K孕婦裝公司(Shirley K)的總裁來電，問我是否有興趣買下八家雪莉K的店。雪莉K公司來自加拿大，在加拿大擁有六十家孕婦裝店，另外還有八、九十家賣寬鬆型女裝的店。他們是一家大型的股票上市公司，在加拿大的市場獨佔鰲頭，為了拓展業務，他們踏入美國市場。三年前我們眼看他們在最熱門的芝加哥、波士頓、華盛頓特區購物中心，開了八家美侖美奐的店。我的經銷商個個提心吊膽，這些人一下子冒出來，在購物中心開了這麼多美麗的店。當我聽見雪莉K的總裁說他們並不賺錢時，我著實大吃一驚。他們發現美國市場不一樣，加拿大的衣服賣得並不好，營業收入根本無法維持八家店的開銷。他們快速掘起，現在卻急著脫手。我不敢相信這種千載難逢的機會就在眼前，我們唯一需要的便是資金。

我們一定要買下雪莉K不可，它不但可增加我們的營業收入，也會讓我們躋身流行孕婦裝的市場。八家店的數目足夠讓我們建立流行服裝的形象。他們的衣服價位高於媽咪工房，再配合媽咪工房的名聲，足以超越Page Boy和豌豆莢。我們現在可以銷售另一種款式的衣服，帶動流行腳步，我們決定採用我妹妹的名字，將店名從雪莉K改為咪咪孕婦裝(Mimi Maternity)，咪咪的發音具法國風格，正好符合我們想營造時髦形象的想法。八家雪莉K的店收入每年總共是三百五十萬美元，大幅提高公司的規模。我們運用買回經銷店的那一套模式，大部份的錢來自銀行貸款，差額則以分期付款的方式付給雪莉K。他們擁有第二順位抵押權，加上股票選擇權。從我們交易談成的那一天起，公司的營業收入自七百萬元一路竄升至一千一百萬元。

和雪莉K談判時最重要的是了解對方的需要，他們想要馬上將店脫手，順利離開美國市場。他們希望八家店由同一個人買下，最好以不同的店名繼續經營下去，這樣他們才好向股東交待。將店賣給他人比停止營業，或賣給好幾個不同的人要好得多。他們不見得要以高價賣出全部的店，只求速戰速決。我們在接到電話後不到六個星期便完成交易。我親自監督每一份文件。我們在買店時用「購買資產」的名義，而非以購買公司的名義，意指我們只買下存貨，店面和裝潢設備。如果我們在買下後才發現他們有尚未付清的帳單或官司要打，一切由雪莉K負責，與我們無關，我們不接受任何負債。

在我們所有買回的經銷店中，最重要的是梅莉在紐約的店，我一直等到最後才開口，梅莉與我合作愉快，也是關係最敏感的一位經銷商。當我處理完她的交易時，我覺得光復了整片河山。八年前我和麥克、梅莉在媽媽的溫室中談妥第一份合約，四年前舊金山經銷商賣出他們的店。四年來我們一一買回長時間辛苦建立的經銷店，現在公司的規模與以往不可同日而語。如今我們是零售業，而且是垂直整合的零售業。

媽咪工房十歲了。一九九二年我們的營業收入是一千九百萬元，達到股票上市的標準。投資銀行家打電話給我們，詢問是否有機會向我們說明股票上市的細節。儘管一九九二年波斯灣戰爭剛結束，股市猶如驚弓之鳥，但銀行界人士已經嗅到經濟復甦的氣息，他們希望提前佈局，發掘有潛力的新公司，等時機成熟便可大舉進場。大家不知道股票上市的規定何時寬鬆，何時緊縮，因此銀行人士徘徊流連，等待時期成熟。我們公司現在名列股票上市的名單上，只需稍加時日便可展翅高飛。

經營祕訣

談判藝術

我不想過度強調談判技巧在談生意時的重要性。我相信市場力量才是關鍵，遠比高明的談判技巧重要。當你在談一樁生意時，買賣雙方都要有誠意，價格也要為雙方所接受，合乎市場預期。如果每一項條件都令人滿意，交易自然會達成。談判技巧只是讓過程的十分之一對你有利罷了。有時候談判成功只是代表你談妥了所有適合的條件，這是一種藝術，沒有一定的規則可循。談判的對象是人，因此了解整樁交易的重點和對方的想法是致勝關鍵。在談判時有幾項要點可供你參考：

傾聽他人・　談判最基本的技巧是了解對方的動機，人們不一定會說出深藏在內心的願望。如果你要了解對方，不但要仔細聆聽，還要理解別人話中的含意。當我和凱特在協議舊金山的店時，她說我的出價太低，但她真正的意思是如果我們的股票將來上市，她不想錯過股票增值的機會，她希望分

經營祕訣

享公司的利潤。一開始我以為她要更多的錢，但我不願意提高價格，後來我聽懂了她的意思，猜透了她內心真正的想法，才能以股票選擇權來滿足她。有時候面子才是背後的關鍵，好的交易不單指買方出的現金價格。舉例來說，如果有人要賣他的公司，但他相信公司的價值超過你所開的價格，你可以在現金之外答應給他未來利潤的一部份。如此一來，如果公司的獲利極佳，雙方皆大歡喜，如果未來的獲利不佳，你也毋須馬上付出昂貴的代價。

不要壓榨他人・談生意要公平，不要因壓榨他人而失去一切機會，姿態不要太高。我看過有人花了很長的時間來購併別人的公司，但始終未談成條件，當你強人所難時反而容易使談判破裂。對方害怕被你佔便宜，或付出太高的代價，因此不容易成交。如果你認為售價太高，最好的方式便是置之不理，但如果這種事一再發生，你可能太堅持己見了。

不要先提出條件・不論你站在買方或賣方，讓別人先開口提出條件，你可以從別人提出的條件探知對方心中的盤算。如果你先開口，價格可能太

經營祕訣

高或太低。一但你提出條件，就很難反悔，不管你買的是房子、公司、古董花瓶，當別人問：「你要開價多少？」時，比較適合的回答是：「請您先開價。」

先訂出買價的上限，不要超過此金額．在熱烈的交易中，你可能因一時興奮而開出過高的價格。然而你的能力有限，最好在能力範圍內先計算出購買價格的上限，不要超過這個金額。你不想明天一大早起來發現貸款金額超出你的償還能力，或是貸款金額太高讓你毫無獲利空間。如果你非得要買到這樣東西，不論它是公司或房子，你願意不惜一切代價弄到手，我敢保證你一定會付出昂貴的代價。當一人急於成交時，對方看得出來，也吃定了你的弱點。如果售價遠超過你的上限，你必須懂得拒絕。如果你的上限真的很合理，對方有百分之九十的機會回過頭來找你，他們為什麼要找別人買呢？要記得，市場有合理價格，不要因一時衝動而失去理智，捨不得放棄。合理的價格最後會主導市場，先訂出購買價格的上限，堅持原則。

經營祕訣

不要威脅對方．我只認識幾個懂得如何運用誇張技巧的人，他們的個性通常爽朗大方，讓人覺得他們無所不能，如果你不答應他們就會毀了這件生意。但對其他人來說，虛張聲勢只能用一次，如果你被別人識破技倆，你的名聲便蕩然無存。

譬如說你要買下一家公司，你對價格和付款方式等大原則已無異議。你同意付一半現金，另一半以每年百分之八的利息分三年分期付款。假設在你談這筆交易時，聯邦儲備銀行突然調降利率，降低放款利率百分之零點五。你打電話給賣方，強迫他將三年利息由百分之八降為百分之七點五，對方不答應，他說你們已經談好百分之八的利息了，但你說現在的情形不同，基本放款利率降低了，除非對方願意調低利息，否則交易免談。

你在威脅別人，就算利率降低百分之零點五，三年下來你多付的利息也微不足道，但你覺得自己的立場是對的，賣方也覺得他是對的，因為你當時同意付百分之八的利息，現在卻出爾反爾。假設你比對方更需要談成這項交易，而對方則無所謂，結果他堅持己見，你卻投降了，猜猜以後會發生什麼事情？賣方在其他條件上也穩操勝算，因為他知道你到最後一定會放棄，他

經營祕訣

知道你比他更需要談成這項交易。

比較高明的做法是，你接受百分之八的利率，但開出小小的交換條件，你可以要求遲延三個月付款，換言之，在達成交易的三個月後再開始付頭期款，好讓你有多餘的時間存錢，想想還有沒有對你有利的要求，不妨試試看，威脅別人會適得其反。

要有耐心．在工商業社會，每個人的腳步都很快速，成功的創業人士分秒必爭，絕不拖延任何事情。但有時候在談生意時，耐心不只是傳統美德而已，更是必要條件。有些創投者在學校學到如何在談判中使用拖延戰術，後來學以致用。但如果你迫切需要投資人的錢，投資人便在時間上佔了上風。隨著時間一天天過去，你心急如焚，渴望早日成交，只要能拿到一點錢，你失去一點點利益也無妨。當然，每一家公司都在急需資金時才會找創投公司協議，但原則不變，耐心展現出你的能力。在談判過程中速戰速決是件重要的事，但如果對方故意拖延時間，你也要跟著放慢腳步，不要表現出焦急的心態，以免暴露出你的弱點而喪失優勢。

經營祕訣

就算對方很情緒化，你也要保持冷靜。個性衝動的人很少贏得最後勝利，不要被這一招騙了。我看過談判的一方怒氣沖天，另一方掉頭就走。轉身離去是個高明之舉，這會突顯對方不成熟的個性，最後讓他們向你道歉。

幕後要有決策者。義大利的黑手黨電影常出現一段有趣的情節，黑手黨領袖在談判進行到一半時忽然離席，原因是要去請示父親的意見，才能做出最後的決定。他跳上黑色轎車，開到有警衛的別墅，穿過花園去找父親，黑手黨領袖向父親報告一分鐘，父親坐在輪椅上，全身癱瘓，神智不清。為什麼黑手黨領袖要使出這種花招？因為背後有決策者可以讓他找到藉口遲延決議，重新考慮或改變心意，「問問後台老板」是最佳的理由。在現實生活中你也需要後台老板，我一直拿公司董事、丹、投資人或銀行來當擋箭牌。如果你不想在談判中讓步，儘管以董事或銀行的名義來拒絕，絕對不要把自己推出來當最後的決策人物，你只是其中的決策者之一而已。

經營祕訣

當你經過談判的磨練後，就會摸索出心得，以上這些規則反而變為次要。最後我要提的一點是在談判時要信守承諾。談判是一連串來來回回的討價還價，一次達成一項共識。雙方也常交換條件，就像球賽時的拉鋸戰一樣，重要的是兩邊都要守信用，無論勝負都要遵守談判結果。在談判結束後，全權委託律師記錄雙方達成的協議，不能有任何一方在事後改變決定或忽略某項交換條件。如果這種情形持續發生，整樁交易猶如打了死結，陷入僵局。如果你無法記得每一項細節，在談判過程中隨時用筆記本做記錄，將重點列出。身為談判者，你必須信守承諾。

本章摘要

- 要圓滿達成一項交易，須當個好的聆聽者，並試著找出對方真正的意圖。
- 不要壓榨他人，導致交易破裂。
- 不要先開口提出條件。
- 事先計算出購買價格的上限，而且不要超過這個金額。
- 威脅對方常會得到反效果。

經營祕訣

- 耐心不僅是美德而已，更是談判過程中的必要條件。
- 不要讓幕後的決策者出面。
- 誠信原則是雙方達成交易時，不可或缺的一部份。

第十章　股票上市

股票上市的意義在於：建立一家有價值的公司，它不會讓你變得有錢，但會反應出公司的實際價值，幫助你募集資金，增加變現能力。

一九九二年夏天是討論初次股票上市這個新方案最差的時機，美國的經濟剛剛脫離谷底，投資人不願冒風險投資新公司。在經濟不景氣之下，媽咪工房的業績和盈餘在那一年仍然相當耀眼。回首當年，我能夠理解原因何在，一九九二年是美國的嬰兒潮，那年是美國歷史上少數幾個新生兒人口超過四百萬的年頭。我們把握這個大好時機，向前衝刺。公司的業績成長超過大部份的零售業。我們猜想嬰兒潮的原因是失業人口增加，失業婦女以兼差維生，也藉此機會懷孕生子。有什麼時候比職業婦女回到家庭更容易懷孕?投資人和華爾街人最喜歡這種解釋，他們每個人都在尋找「不受景氣」影響的公司來投資。在當時我們不知道業績上升的真正原因，所以我們對這種解釋深信不疑。

回首當時，一九九二年夏天顯然是經濟復甦的時期，人們對未來比較有信心，生小孩的意願大增。這個理論可由同一年新屋增加的數量得到驗證，房地產景氣在經過六年的低迷不振後，終於在那一年回春，這種趨勢一直維持到今日。當我們看到公司業績隨著房地產的腳步上升時，我們下了一個結論，公司的收入正好是經濟的領先指標。但不管原因為何，我們在那年的業績一路長紅，準備好下半年進軍股票市場。

公司有一位董事是費城的投資銀行家，在十二月的某一天，他打電話來說，如果我們的股票要上市，現在就是最好的時機。在接下來幾個月，他幫我們辦理股票上市的種種事宜，他不僅是我們的夥伴，更是我們的良師益友。感謝上帝當我在懵懂無知的時候，有人助我一臂之力，指引我向前。

股票上市牽涉到公司過去三年的會計帳目，投資人需要對股票初次上市的新公司做通盤了解。證券交易委員會要求我們準備股票上市公開說明書，內容不只是會計帳目，也包括其他資料，類似經營計劃書。在你擬訂公開說明書時，過去幾年的財務資料是別人注目的焦點，你要附上前期和當期的資產負債表。投資人要知道你每一分錢的來龍去脈，他們對公司的經營者不熟悉，因此要看經過會計師簽證的財務報表。我們幾乎在過去十年皆以授權商的身份營業，聯邦貿易理事會自一開始便要求公司所有的財務報表皆需經過會計師簽證，這對我們股票上市很有幫助。如果你的財務報表沒有經過會計師簽證，要另請會計師查過去三年的帳目，不但費時耗力，也要付出昂貴的費用。我們打電話給會計師，說明我們想馬上辦理股票上市，他們不加思索地回答：「我已經準備好了。」

經過多年的努力奮鬥，我們逐漸打下事業基礎，公司的發展越來越快。當機會大門敞開時，你必須把握時機，我那些身經百戰的專業顧問對這一點非常清楚。有些公司耐心等候卻沒有掌握最後的關鍵時刻——當華爾街的投資環境對股票上市公司有利，道瓊指數上揚時；當公司的業績成長，獲利豐厚；當投資人對你的行業充滿興趣；當公司的收入高到足以負擔股票上市的費用，當一切條件成熟時，你要把握時間，否則機會稍縱即逝。我在腦海中出現一幅畫面，我在海灘上對衝浪者發號施令：「向前衝！」所有專業經理人員抓緊衝浪板，跑向大海，等著征服最壯觀的巨浪，這就是股票上市的那種刺激感。

我們最大的競爭者是豌豆莢，他們也有同樣的目標，但他們有強大的創投公司做靠山。他們和我們一樣股票未上市，因此我們不知道他們的收入和盈餘有多少，但我們最不願意見到他們的股票比我們早上市，使得我們的前途受到他們的牽制。市場上沒有其他的孕婦裝公司，因此華爾街會用他們的業績當做評估我們的標準，如果他們經營不佳，別人會認為我們也是如此。投資人往往以行業展望來評估一家公司，例如「汽車業不景氣」、「鋼鐵業受到開放進口的衝擊」或「孕婦裝市場成長趨緩」，因此你最好趕在別人之前先搭上股票上市的列車，成為這個行業的指標。同時，如果我們可以取得上百萬元的資金，我們便可在孕婦裝市場無往不利，甚至在其他的大型購物中心攻城掠地。有時候當一家購物中心已經有了高級的孕婦裝專賣店時，第二家就變得多餘了，第一家入主購物中心的店才是最大的贏家，除了裝潢和存貨外，開店的成本大約在二十萬到三十萬元之間。股票上市除了讓投資人荷包滿滿之外，還有實際上的功能。

我們在一月初召開董事會，大家一致同意公司應該把握機會。下一步是要挑選一家好的投資銀行，我們幾乎在隔天就開始與他們接洽，安排面談時間。雖然我們公司的規模不足以吸引知名投資公司如Merrill Lnych或Smith Barney，我們卻受到許多美國東岸投資銀行的注意。公司有一位董事是投資銀行家，他幫我們找到六家投資銀行。當我們與他們連絡時，每家銀行都願意與我們洽談。這些投資銀行經驗豐富，知道那些公司有資格辦理股票上市，他們不會大老遠跑到一家沒有財務歷史資料的公司去浪費時間。那麼多人對我們公司有興趣，對我們就是最好的鼓勵，讓我們有信心繼續走下去。

在和投資銀行面談的時候，雙方都在打分數。一方面，銀行會從這項交易大賺一筆，因此他們會儘量表現出他們在這方面有專業知識與豐富經驗；另一方面，越知名的投資銀行就越挑剔，他們與投資上市股票的法人關係密切。如果他們願意幫助你股票上市，就表示對你公司的認可。投資銀行與公司都以本身的利益為優先考量，有時會造成衝突。你會問：「你們最近幫助多少公司股票上市？他們初次股票上市是否成功？他們公司股價大漲了嗎？你認不認識很多有可能買我們公司股票的法人？」法人機構是股市的大戶，他們的資金來自短期市場資金、保險公司，和數億元的退休基金，幾乎所有股票初次上市的公司都是他們投資的標地。每一家法人機構都積極投資以獲得高投資報酬率。投資銀行通常會問你的問題是：「在你的股票上市後，你是否能如預期般達到獲利目標？」換句話說，他們不想看到在許多法人機構買了你的股票後，公司卻獲利不佳，股票大跌，讓他們的面子掛不住。

我們第一次的面談進行得並不順利，這次會議由董事會安排。一家知名的投資銀行派代表前來，他的名字叫做哈利。他穿著整齊的細直紋西裝，指甲也特意修剪過。在此我暫且隱瞞是哪一家投資銀行。星期一早上哈利的小組來到我們公司，他們共有三位：一位是零售業專家，一位是負責我們公司的業務經理，還有一名助理。他們三人皆衣冠楚楚，容光煥發，充滿自信，也具備一種吸引人的特質。我和丹在會議室等他們，當哈利出現在門口時，我伸出手，但他卻直接走向丹，向他握手。

他說：「很高興來到這裡。」他看到了在旁邊的我，向我微笑。「我可不可以喝杯咖啡？」他說。

丹壓抑著微笑，他知道這位先生在坐下時注意到了我。「這位是麗貝卡。」丹說：「她是公司的總裁。」

哈利的眼光落在我身上，他愣了一下。但身為專業人士，他馬上恢復鎮靜：「很高興見到妳。」他低聲說。

「這是我的榮幸，你的咖啡要加糖或奶精嗎？」我試著讓自己鎮靜，不受他的「大男人主義」影響。但我不敢相信他千里迢迢飛到這裡，竟然不知道公司的總裁是誰，他那缺乏準備的態度比性別歧視更讓我不安。

我們坐在會議室，首先哈利和他的組員介紹他們的公司，列出他們最近承辦的股票上市公司，談他們對零售業的概念和認知，解釋為什麼他們是最佳的股票上市經紀人。然後輪到我和丹介紹媽咪工房，談我們當初如何發掘市場需要，成立這家公司，以及最近幾年的成長等等。當我們交換完資訊後，哈利清一清喉嚨，吸一口氣，準備發言。

「丹，」他開始，眼睛注視著他：「麗貝卡，」他繼續說，眼光接觸到我：「我在投資銀行已經工作了很長一段時間。我可以清楚告訴你股票上市越來越熱門。你們的公司很不錯，我很樂意幫助你們，但股票上市的條件在於別人對這家公司的看法。」他用手指加強語氣，繼續說：「你的公司或許是世界一流的公司，但如果別人不這麼想，就發揮不了作用。」

我不明白他話中的含意，但我耐心聽他說完。

「你希望股票一上市就很強勢，對嗎？」

我們點頭。

「最好的辦法是讓別人覺得你的公司很有價值，投資人很在意公司的總裁是誰，他如何帶領員工衝鋒陷陣，如何讓股票增值。總裁的形象深植在人們心中，我建議麗貝卡退到一旁，由丹來接掌總裁的職位，大部分投資人都是男性，他們心目中的公司總裁應該是男性。」

我們呆呆地望著他。

「當然，當巡迴說明會結束以後，你們的頭銜可以再換回來。」

這個男人說的是真的嗎？他的說法是正確的嗎？如果由丹出任總裁會對股價有助益嗎？我對他荒謬的言論感到震驚。但另一方面，他曾協助過許多公司股票上市，如果他是對的，我是錯的，我不想因為強烈的自尊心而錯失此一良機。我不知道要如何接口，當我陷入沉思時，耳邊聽見丹的聲音：「我們當然想採取正確的步驟。告訴我，你上一次到女性總裁的公司，協助他們股票上市是什麼時候？」

「事實上，我完全無此經驗。」

「那你憑什麼認為這不是一件好事？」至少丹還能保持邏輯思考。

哈利又吸了一口氣。「我了解我的客戶，」他說，一邊打手勢以加強語氣。他提不出證據，只憑自己的感受。哈利有點心虛但又堅持己見，丹向我眨眼，要我們結束會議。

「我們會再與你連絡。」丹說。

我們施展拖延戰術——一句「不要打電話來，我們會打電話給你」將哈利打發走。如果股票上市是這種樣子，我們寧可不要。結束會議後，丹送哈利和他的組員到門口，我踢掉高跟鞋，等丹回到會議室，他面帶微笑。

「貝卡，不要太認真，不是每個投資銀行家都像他一樣混蛋。」

「希望如此，」我說，搖搖頭：「我真的希望如此。」

我們又繼續找了五家投資銀行面談，沒有人提到要丹當總裁，這個話題從未出現過，沒有人認為女性總裁會對股票上市不利。有幾家知名的投資銀行對我們很有興趣，他們人才濟濟，但想法不像哈利般偏激。我們在董事會成員的協助下做出決定。我們不僅注重公司的知名度，也看我們與他們是否投緣。將來我們要與他們密切配合，舉辦投資人說明會，與他們會商，因此人的因素很重要。我們必須相信他們的判斷力和能力。萬一公司不受投資人青睞，股票不容易賣出，他們要加倍努力來達成目標，而不是視我們為燙手山芋，棄之不顧。我們想知道別家公司對他們的評價，因此我們向其他公司打聽消息。事後我們知道當初做了正確的選擇，在股票上市後，我們仍然與這家銀行往來，請他們承辦其他業務。

接下來進入擬稿的階段，我們與二十個人圍著一張大桌子，整天開會。所有的投資銀行家在他們的律師陪同下一道前來，我們的會計師與律師也在場，每人都攜帶助理。我們竭盡所能地擬出一份完整的股票上市說明書，預備給投資人看，說明書的內容包括公司歷史、財務狀況、高級主管與董事會等等。我記得有一天晚上八點半，大家都累得頭昏眼花，還為了「論點」一字的定義爭辯不休。丹跑去書店買了一本詞典，我們又耗了一個鐘頭證明到底誰是對的。

有一天在擬稿的過程中，律師忽然將我和丹拉到一旁，說要與我們單獨會談。我們三個人走進隔壁的房間裡，銀行主管與律師代表都在等我們，他們的表情嚴肅。全部的人都坐了下來，律師代表先清一清喉嚨：「我們要善盡監督的職責。」

此話代表銀行有責任查證公司告訴他們的一切訊息，將事情加以分析研判，以免誤導投資人買我們的股票。我們屏息以待，聽他繼續說下去，銀行主管嚴肅地看著我們，問一個問題：「你們的婚姻狀況如何？」

聽到這個問題，我和丹都鬆了一口氣，互相交換個眼神。我要強忍住才不會笑出來，這是個嚴肅的問題。服裝界有多對令人欽羨的夫妻檔，好比麗茲・克萊本（Liz Claiborne）和她的先生，他們一起工作了好多年，還有多娜・凱倫（Donna Karen），她的丈夫是公司的創辦人之一兼副總裁。既然銀行主管很重視婚姻狀況，我想舉這些例子好讓他們放心，丹卻巧妙地回答他與岳母共同生活了六年，他問：「我這樣算不算通過了考驗？」這個答案似乎令在座者相當滿意。

整個擬稿過程在印製說明書時進入高潮，我們花了一整個晚上監督印刷的過程。律師與投資銀行家整晚都必須在場，仔細檢查這份剛印好的文件，以確定每個數字都正確無誤。股票上市的過程牽涉到許多財務和金錢上的風險，因此每一個字都很要緊，我和丹一直工作到半夜才回家。

股票正式上市之前最重要的活動是舉辦巡迴說明會，自證券交易委員會核准說明書的時間算起，持續進行二個星期左右。投資銀行家帶著公司的高級主管，通常是總裁或財務長，到全國主要城市去拜訪大型法人機構，回答他們的問題。在每一場的說明會上，投資銀行的業務人員隨時接受投資人的申購單，在巡迴說明會結束後隨即進行交易。有些會議採取一對一的溝通方式，你到投資人的辦公室去，面對面向他們說明你公司的狀況。他們通常安排你在午餐時間用投影片進行介紹，大家吃一份簡便的午餐。大部份的巡迴說明會都由加州開始，一路向東行，直到紐約，那裡有一大群令人難以招架的華爾街人士。最後到波士頓，那裡是龐大的市場資金所在。

當你在進行巡迴說明會時，你向投資人提出股票承銷價的範圍。我們所提出的股價範圍介於十一元和十三元之間。當做完說明後，大概知道合理的承銷價是多少，這取決於別人對你的公司有多大興趣，有多少法人機構願意購買股票。在巡迴說明會的最後一天，你與投資銀行家及董事代表共同會商，決定股票初次上市的承銷價。如果購買股票的人很多，你可在承銷價的範圍內以最高價售出。但如果你估算錯誤，訂出的價格過高，股價可能在上市後下挫，這會讓在巡迴說明會中預先申購股票的人馬上承受虧損，投資銀行家最不願意見到這種情形。如果下一次這家投資銀行又幫另一家新公司舉辦巡迴說明會，他們的信譽便會受損。

令投資銀行家最滿意的狀況是在巡迴說明會結束後，他們接到的股票申購數量是原先預定賣出股數的五、六倍，這樣他們便可回覆每一家投資機構：「對不起，你下了五萬股的買單，但這檔股票實在太熱門，我只能給你五千股。」如此一來，等到股票一上市便有大量買盤湧入，造成股價大漲。投資銀行家故意營造股票在上市前供不應求的氣氛，運用客戶奇貨可居的心態，刺激買盤，好讓股票風光上市。

每一場巡迴說明會的時間大約六十分鐘，我們先花三十分鐘介紹公司的歷史，留下半小時的問答時間。我們在出發前練習了無數次，我把自己的部份背得滾瓜爛熟，連手勢、動作、表情都牢記在心，也從未擅自更改台詞。丹喜歡即興發揮，他想實驗不同演說內容的效果。我們直到最後才確定他要說什麼。我負責分析數字和財務報表，丹負責說明公司理念和行銷策略。然後我們兩人攜手合作，暢談華爾街日報曾報導我們的傳奇故事。媽咪工房的創業史更是記者眼中的最愛。投資人可以經由我們的描述想像我們當初如何看見市場需要，從一家名不見經傳的小公司，發展到年收入為一千九百萬美元的大企業。許多投資人是年紀三十出頭的婦女，她們了解孕婦裝的市場，每個人都被這個大公司排斥的獨特市場深深吸引。

六十天的巡迴說明會非常累人，有時候一天要趕兩、三個城市。我們計畫最後在星期一，三月十五日到波士頓與大型投資公司展開一連串的會議。這些公司都是針對初次股票上市公司的投資大玩家，沒有一家投資銀行會在波士頓說明會結束前，決定股票上市價格。我和丹預定在星期日下午搭飛機去波士頓，不容許飛機延誤或行程耽擱。下星期是學童放春假的時候，很久以前我們就安排全家人到洛磯山脈滑雪。我們訂了自星期六起整個星期的機票加住宿的旅遊行程。但我們星期一要到波士頓，來不及趕去滑雪，因此我請爸媽先帶孩子去洛磯山脈，等星期一晚上我們再飛過去與他們會合。不料星期六晚上天空開始下雪，星期日早上我們一醒來就看見屋外的大風雪。我們一大早就趕到機場，希望在機場關閉前搭乘班機離去。我們走進機場，看到電腦顯示板上每一班飛機都顯示「取消」，我不敢相信我的眼睛，好像他們宣佈「股票上市」取消一樣。這次股票上市的機會太重要了，如果我們不能如期趕到波士頓開會，再也無法在期限內聚集這些投資人。你必須在巡迴說明會展開後二、三個星期內，讓股票順利上市，否則就太遲了。股票市場瞬息萬變，一但你錯過時機，投資人可能忘記你的股票，我們將落得全盤皆輸。

當時我並不知道三月十四日的那場大風雪是美國東岸有史以來最大的一場暴風雪，我們絕無可能開車到波士頓。就算天氣良好，開車也需要八個小時。我們連是否能夠從機場開車回家都不確定。另一個辦法是搭火車，我們趕到機場附近的火車站，等了又等，火車終於緩緩靠近月台，但那已於事無補。這輛火車慢吞吞地駛向費城的第三十街月台。外面的雪太大，你連前方十呎的路都看不清楚。我一到火車站就知道沒希望了。車站裡擠滿了乘客，人人攜帶大件的行李箱，沒有人擠得過去，我們只好掉頭返回機場。在束手無策的情況下，我打電話給投資銀行家，告訴他我們無法準時抵達波士頓。他說一但機場的跑道暢通後，隔天早上立刻派公司的專機來接我們。我們晚上在機場旅館過夜。

事情的發展真是無法預測，我們只差最後一步，這時卻跨不出去。如果大雪下個不停該怎麼辦？我們隔天起了個大早，感謝上帝，太陽露臉了。我們要趕去機場的私人飛機庫，但旅館只有一輛巴士，外面有大批旅客要搭巴士，每個人都在趕飛機。有一對夫婦在渡蜜月，另一對夫婦要去愛荷華州探望母親，而我們趕著辦理股票上市！他們不懂嗎？我們推開人群，拼命擠上巴士。坐上飛機後，眼中看見一片白茫茫的山脈，地面上有一大群疲憊的旅客正在通關，等著上飛機。

雖然波士頓也受到大風雪侵襲，但他們恢復的速度比較快。我們的說明會進行得很順利，在接近傍晚時結束了最後一場會議。我們和律師、二位公司董事、投資銀行總部的主要交易員以電話進行四方會談，討論股票上市的策略。在巡迴說明會的整個過程中，交易員隨時記錄股票投資人遞上來的申購單，還有其他有意加入投資聯盟的投資銀行，投資聯盟是由一群投資銀行組成，將股票賣給他們的客戶。你的投資聯盟聲勢越浩大，對公司越有利。我們聽見股票申購的情形很踴躍，比我們預定賣出的股數多了十倍。不但如此，我們還有一大群想要加入投資聯盟的銀行。

交易員快速唸完名單，指出我們可以大膽訂出最高的承銷價，因為每增加一元就為公司增加大量的資金。有人建議我們將股價提高到每股十四元，甚至十五元，為什麼不呢？我們的股票很搶手，最後我們決定將承銷價維持在十三元。我們仔細評估承銷價的範圍，認為這才是合理的價格，如果股票上市後股價一飛沖天，我們當然也樂於見到。

在會議結束後，我們立即趕往機場。我和丹跳上車子，抓了皮包就走。我脫下高跟鞋，丟入車廂，雙腳換上球鞋，丹換上牛仔皮靴，我們將原先的大衣塞進車廂，穿上滑雪大衣。「將這些衣服拿回辦公室。」我向車窗外大喊。飛機只剩二十分鐘就要起飛了，我們像沒命似地往前衝。

股票上市後我們共募集到一千九百萬美元，其中一千二百萬元歸公司，七百萬元落到賣出股票者的口袋中。在公司分到的一千二百萬美元中，五百萬用來償還先前收購經銷店所借的貸款，剩餘的錢則存入銀行帳戶中。

在媽咪工房的股票上市五年後，營業收入自一千九百萬美元一路攀升至三億美元。如果當初我們的股票沒有上市，我很懷疑公司是否有足夠的資源完成此項壯舉。現在，媽咪工房是費城最大的成衣製造商，也是全國最大的孕婦裝零售店，我們創造出大量的工作機會，公司旗下有三千五百名員工。在賓州和全美還有幾千名廠商與我們合作。許多媽咪工房的員工，不分男女，都已為人父母。我生命中最熱愛的兩件事便是事業與家庭，我也不是唯一能夠在這兩件事上取得平衡的人。儘管在股票上市的過程中困難重重，我無怨無悔，堅信自己走的路是正確的。我現在最大的心願，便是以我的故事來激勵那些勇於追求自己夢想的人。

經營祕訣

股票上市，實現夢想

創立公司，發展事業，股票上市，這一切的一切都是美國人的夢想，也是我的夢想。股票上市會改變公司的性質，有些改變合乎你的喜好，有些改變則不盡然。我僅在此向讀者解釋股票上市會為公司帶來怎樣的改變？如何才能讓你公司的股票上市？然後你再決定你是否想走上這條路。

股票上市代表什麼意思？

首先，股票上市不會讓你變得有錢，它只會反應出公司的實際價值，幫助你募集資金，增加變現能力。股票上市最重要的一項條件是建立一家有價值的公司。「股票上市」是什麼意思？讓我從股票的基本概念說起。你的公司是個獨立個體，由一群合夥人擁有。如果它是一家股份公司，公司的老闆們握有股票，稱為股權，每個人都擁有公司的一部份。當公司被賣掉以後，所得的款項先償清債務，剩餘的錢按照每位股東的持股比例分配給各人。公司發行的股數並不重要，重要的是每個人所擁有的股票百分比。舉例來說，

經營祕訣

你的公司叫做艾克美輪胎電池公司（Acme Tires and Batteries），如果公司發行了一百股，你手中握有二十股，就是擁有百分之二十的股權，和公司發行十萬股，你握有二萬股是同樣的意思。在這兩種情況下，你都擁有公司百分之二十的股權。如果公司以一百萬元賣出，你可以獲得二十萬元。在第一種情況下，如果公司發行一百股，每股的價格用一百萬元除以一百，即每股一萬元。在第二種情況下，發行的股數是十萬股，每股的價格為十元。

現在，如果艾克美輪胎電池公司的股票上市了。公司只有一百股，投資銀行會馬上幫公司做股票分割，將每一股分割成一千股，因為他們要將初次股票的上市價格維持在十到十五元之間。律師會幫你處理所有的法律程序，將每股分割為一千股。現在公司擁有十萬股，每股的價格是十元，你持有二萬股。在辦理股票上市時，你必須向證券交易委員會登記公司一部份的股票。當你完成登記手續後，這些股票就可以公開在市場上進行交易。在尚未完成登記手續前，你不能任意公開賣出股票。你必須遵守相關的政府法令，這些規定的用意在於保護一般投資人，以免他們因為財務知識不足而受騙上當。即使你進行私人交易，例如將股票賣給創投公司或私人投資者，你都必

經營祕訣

須公開相關的財務資料。而投資人必須證明他們在財務方面也有足夠的知識，免除你向證券交易委員會登記股票的手續。有一個辦法可以證明投資人在財務方面有足夠知識，那便是擁有高額的淨值。

一但你完成股票登記的繁雜手續，包括準備股票上市說明書，請會計師查核過去三年的帳目，舉辦巡迴說明會，讓法人機構預先申購之後，這些股票就可以公開在股市進行交易。你通常需要向證券交易委員會登記你和其他股東手上的持股，還有公司新發行的股票。在股票預先申購時，所有登記過的股票均可出售，包括你和其他股東手上的股票（賣出股票的錢歸於賣出股票的投資人），以及新發行的股票（錢歸於公司）。投資銀行家最後決定在股東要賣出的股票中，有多少比例可以真正出售。他們會對此比例加以限制，不要讓別人以為原先的股東紛紛拋售持股，不願意付出努力，讓公司業務持續成長。在股票上市後，你和原先的股東可以在某段時間內賣出更多的股票。投資銀行家會請你簽下合約，例如在九十天內不要賣出股票，好讓股價在短期內不要波動太大。證券交易委員會規定你每三個月賣出的股票不能超過總發行數量的某個百分比。

經營祕訣

股票上市的好處

我們每個人都同意股票上市最大的好處是讓你和你的公司一夜致富。不但如此，你的變現能力也會大增。爾後如果公司需要現金，只要賣出股票即可。雖然你在三個月內只能賣出一定數量的股票，但你的股票在上市後，如果公司需要更多資金，只要公司營運狀況良好，股價亮麗，就可以辦理增資。當你想併購別家公司或進行類似的交易時，股票的作用和現金一樣。還有一點也很重要，你可以讓你公司的主要員工或所有員工認股，沒有什麼比這個方式更能凝聚員工的向心力，讓大家拋棄個人利益，為共同的目標奮鬥，努力使公司朝正確的方向邁進。股票價格每天都刊登在報紙上，員工可隨時掌握公司的營運狀況，當然，股票上市也可以提高公司的聲譽和知名度，你的廠商、客戶，甚至員工都會覺得公司更穩固，更重要。身為消費者產品公司的老板，我深深體驗到股票上市的好處，全國的投資人都知道媽咪工房，我的產品真是遠近馳名。

經營祕訣

股票上市的挑戰

隨著股票上市，相關的法律程序、會計制度，與投資人相關的細節會變得更加複雜，費用也會提高。為了要支付股票上市當時以及後來的相關費用，公司的營收必須達到一定標準。而且你花在股票上的精神也可能會超過對金錢的需求。以我們的例子來說，當我們還是授權商時，就有投資人在背後支持我們，我們已經學會了繁複的法律程序，習慣向投資人報告公司的營運狀況。有些投資人很關心公司的發展，因此他們想提供一些意見。如果你尚未經過這個階段，你一定要面對事實，學習如何與其他股東共同擁有這家公司。

在股票上市後，你要對股東負起法律和商業責任，其中一項責任便是與股東保持良好的溝通，公司發生任何重大事件都要告知他們，他們有權知道任何會影響股價和公司正常運作的事。你也必須在同一時間將這些事情告訴你的股東，不可偏袒任何人，例如創投公司或你的朋友。沒有人能享受特權，除非他們是公司的董事，但董事相對地也要承擔更多責任。

經營祕訣

投資人會給你壓力，每年都要求公司成長，盈餘增加。如果你滿足於現狀，不想擴展事業，股票上市並不適合你。最後，公司的財務狀況要適度公開，你必須花一點時間才能適應透明化的生活方式。你的薪資和擁有的股份都會被公開刊登在報紙上，大量的資訊將被競爭者一覽無遺。

在股票上市之後

股票上市後，你的主要職責仍和從前相同：提高盈餘。你的工作是規劃短期和長期的行銷策略，顧及公司各層面的需要，包括：股東、員工和社會大衆，股票上市並不會改變這一點，唯一不同的是你要面對新的股東，對他們負責，並和他們保持良好的溝通。投資銀行的股票分析師是溝通的橋樑之一。承辦股票上市的經紀人有責任持續提供公司的財務報表給購買股票的投資人。在重大事件發生後或盈餘報告出爐後，分析師必須發表新的報告書，向大家做進一步說明。他會定期拜訪你的公司，以了解公司的進展。隨著時間過去，其他投資公司的分析師也會希望報導你的公司，服務他們的客戶。分析師通常以特定行業為主，例如零售業或高科技業，他們的資訊對你和股

經營祕訣

東都很有用。你的營業報告書需要提供每季的盈餘，有些行業，譬如零售業必須提供每月的盈餘。大部份的公司每季都會召開股東大會，討論每季的獲利狀況。同時，會計師和律師也會幫助你準備季報或年報，以提供給證券交易委員會。

另外一件你要適應的事是保密，對內線交易保持敏感度，知道在何時以何種方式對大衆發佈消息。以前當你還是未上市的私人公司時，如果你朋友問起公司的獲利情況，你可以據實回答，說你現在正在進行一樁併購案，或是說這個月的生意不好。現在，這些資訊都屬於內線消息，你必須在同一時間告訴所有股東與投資大衆，才不會有少數人因為你私下透露消息，而決定要不要買賣股票，獲得不當利潤。「生意不好」這句話會讓股價下跌。如果公司的獲利不佳，所有的股東都要知道。但話又說回來，如果這個月尚未結束，月底的營收可能會有起色。你不必每天都向大家報告業績，等到事情明朗化，再判斷那些消息值得發佈。在此之前，如果你的朋友問你：「最近生意怎麼樣？」你應該巧妙迴避這個敏感問題，轉移話題。

經營祕訣

本章摘要

·股票上市公司可以募集大量現金，增加變現能力。

·在併購其他公司的時候，你可以用股票來取代現金。你也可以讓員工認股以降低流動率。

·身為股票上市公司，你對股東負有責任，任何公司發生的重大事件，都要詳細告知他們。

·股票上市公司的財務資料要透明化，你要定期向投資人及一般大眾報告公司的營運狀況。

後記

在我的職場生涯中，從沒有一刻像股票上市時感觸那麼深，所有的辛苦、過錯、幸福的感覺同時湧上心頭。我回想起公司剛成立的時候，每天那種冗長乏味的工作，看著公司緩慢地成長，也想起和丹在友善餐廳吃晚飯的情景，他熱切地鼓勵我。後來我到紐約實地探勘，手上還抱著愛瑟克，不時餵奶。我回憶起那一批縫得亂七八糟的衣服，還有老鼠跑來跑去的倉庫。我的腦海中也浮現一項項小小的成就，第一張訂單、第一個經銷商、營收邁入新的里程碑、買回一家家的經銷店。我一直被這些事情忙得團團轉，沒有時間停下腳步回顧這些點點滴滴，現在是我第一次讓自己陶醉在勝利的喜悅中。

當然股票上市不是故事的結束，而是媽咪工房新一頁的開始。在我們的股票上市六個月後，我們的競爭者豌豆莢也追隨我們的腳步發行股票，一年半之後的一九九五年春天，我們併購了這家公司，後來又陸續併購了其他幾家公司。在此過程中，公司旗下的孕婦裝分為三大品牌：「豌豆莢」(高價位，由設計師設計的名牌服飾)、「咪咪孕婦裝」(現代服飾)和「母愛」(低價位的大眾化服飾)。每一種品牌都在特定的價格和款式範圍內，銷售休閒孕婦裝及上班孕婦裝。我們不再使用媽咪工房，而用三種品牌的名稱當做店名，現在，「媽咪工房」只不過是母公司的名稱而已。

我們在全國共有六百多家分店，超過三千五百名員工。我很遺憾地說公司有許多傑出又勤奮的員工，但我從沒有機會認識他們。想想當初我每天晚上和麗娜將客人訂的衣服打包，交到UPS快遞公司的手中，現在的生活猶如天壤之別。我的管理方式也需要跟著改變。對創業者來說，以前每一件事情都要自己親手處理，現在這些事交由別人完成，自己站在監督者的立場，這種改變並不容易。我們這種創業者一向習慣事必躬親，但現在我無法同時出現在六百家店，完成所有的事，因此授權員工，培養管理人才，分層負責，是學習過程中最重要的一環，我必須讓別人全權負責，替我分憂解勞。現在我最主要的責任是激勵他人，因為他們的成功就是我的成功。

我們一度嘗試賣其他種類的服裝(非孕婦裝)，我們併購了另一家名叫Episode的店。在嘗試經營兩年之後，我們發現還是將所有精力和資源集中在我們熟悉的孕婦裝市場比較好。我們決定關閉Episode，將全付精力投注在孕婦裝的事業上。但我永不會停止嘗試新的事物，讓公司求新求變。在商場上，你若停止進步，就會被新的公司迎頭趕上。

幾年前我和丹終於買了自己的房子，搬出父母的公寓，住在他們隔壁。父母仍在我們和孩子的生活中扮演不可或缺的角色。至少每隔幾個星期，女兒便到外公外婆家過夜，承歡膝下，我們每星期也和父母共進一次晚餐。

我的孩子在成長過程中培育出獨立自主的個性。我一年比一年都更愛他們。雖然現在我不必花那麼多時間照顧他們，但孩子到了青少年期，我要加倍付出精力和智慧。對孩子的教導、栽培、鼓勵取代了昔日的尿布與餵食，我們仍然遵守每天晚上六點全家人共進晚餐的優良傳統。在這段美好的時光裡，我們以溝通來解決許多問題，彼此的關係也更密切，最重要的是，我和丹讓他們知道父母深愛著他們，我們隨時都會在他們身旁，支持他們，做他們的後盾。

至於我個人成長方面，我培養出不屈不撓的精神，學會對自己有信心，堅持「絕不放棄」的原則。在經歷過無數的失敗與打擊後，我悟出了一個道理：只要你能熬過明天，就能克服挫折感，培養出堅定的意志力，事情也會否極泰來。我的事業能夠如此輝煌，是因為有丹陪我一起走過這段路，他像老師般對我循循善誘，更重要的是，他幫助我建立信心，產生積極思想。每個想創業的人都需要有人在他身旁，支持他追求夢想，但最後你必須靠自己的力量去發掘你的長處，好好發揮它們，成功的關鍵在於你是否全力以赴，不讓別人摧毀你的夢想。

媽咪工房公司比以前穩定許多，我或許不需要花這麼多時間工作，但我熱愛我的工作，上班完全出於自願。我現在最喜歡的是有人邀請我，對著一群剛創業的人演講，這些人的活力與創意再度激發出我高昂的鬥志。不久前，我在午餐時間對著一大群職業婦女演講，她們不是剛創業，就是準備創業。當我站上講台，看著台下的聽眾時，我想到了當初我剛創業時，黛比・費爾茲對著一小群人做專題演講的情景，她當時真的激勵了我。我希望以同樣的方式感動台下的這群聽眾，幫助他們開創燦爛的人生。我相信台下只要有一個人因為聽到我的演講而跨出信心的步伐，同樣的美事就會發生在他們身上。當我在台上現身說法時，特別強調堅持到底的重要性，我鼓勵他們要有遠大的夢想，相信自己必定能夠達成目標。

在我演講完後，有一位個子嬌小的女士走到我面前，告訴我她想創業，當餐廳老闆。她剛生完小孩，以前是廚師，存夠了錢便決定另起爐灶。她來聽我演講是為了更堅定她的決心。我並不記得這位女士，直到最近我在翻電話簿時，忽然看到她的名片，我馬上認出她的名字，因為她的餐廳是費城新開的餐廳中最成功的一家。我真的為她感到驕傲，更高興看到她將夢想付諸行動，實現願望。每次我開車經過她的餐廳時，總是不由自主地會心一笑。

國家圖書館出版品預行編目資料

媽咪總裁教你如何賺大錢/麗貝卡・馬提斯(Rebecca Matthias)著；張海燕 譯. -- 初版. -- 台北縣新店市 ： 高談文化, 2001【民90】

面； 公分

譯自：Mothers Work

ISBN 986-7542-06-1（平裝）

媽咪總裁教你如何賺大錢

作　者：麗貝卡・馬提斯

譯　者：張海燕

發行人：賴任辰

社　長：許麗雯

總編輯：許麗雯

編　輯：劉綺文、呂婉君

行　政：楊伯江

出　版：宜高文化

地址：台北市信義路六段29號4樓

電話：(02) 2726-0677

傳真：（02）2759-4681

製版：菘展製版　印刷：松霖印刷

http://www.cultuspeak.com.tw

E-Mail：cultuspeak@cultuspeak.com.tw

郵撥帳號：19282592高談文化事業有限公司

圖書總經銷：成信文化事業股份公司

電話：（02）2249-6108　傳真：（02）2249-6103

行政院新聞局出版事業登記證局版臺省業字第890號

2003年11月出版

定價：新台幣250元整